TOMATO

APPLE

STRAWBERRY

BANANA

MANDARIN·ORANGE

TOMATO

KIWI FRUIT

GRAPE

BANANA

STRAWBERRY

APPLE

GRAPE

Delicious
Fruits

과일 수업

7가지 과일로 만든 맛있는 요리법

ⓒ 김보선, 2011

초판 1쇄 펴낸날 2011년 8월 10일
초판 3쇄 펴낸날 2014년 4월 5일

지은이 김보선
펴낸이 조영혜
펴낸곳 동녘라이프

전무 정락윤
주간 곽종구
편집 구형민 이정신 조유나 현의영
미술 조하늘 고영선
영업 김진규 조현수
관리 서숙희 장하나 김영옥

사진 이보영(ROC studio) **디자인** 정해진(elephant)
요리 어시스트 김미율 구선모 **사진 어시스트** 김태환 **교정교열** 박성숙
인쇄 새한문화사 **제본** 세진제책 **라미네이팅** 북웨어 **종이** 한서지업사

등록 제311-2003-14호 1997년 1월 29일
주소 (413-120) 경기도 파주시 회동길 77-26
전화 영업 031-955-3000 편집 031-955-3004 **전송** 031-955-3009
블로그 www.dongnyok.com **전자우편** life@dongnyok.com

ISBN 978-89-90514-51-6 13590

• 잘못 만들어진 책은 바꿔 드립니다.
• 책값은 뒤표지에 쓰여 있습니다.
• 이 도서의 국립중앙도서관 출판시도서목록(CIP)은 e-CIP홈페이지(http://www.nl.go.kr/ecip)와
  국가자료공동목록시스템(http://www.nl.go.kr/kolisnet)에서 이용하실 수 있습니다.
  (CIP제어번호: CIP22011003156)

· 7가지 과일로 만든 맛있는 요리법 ·

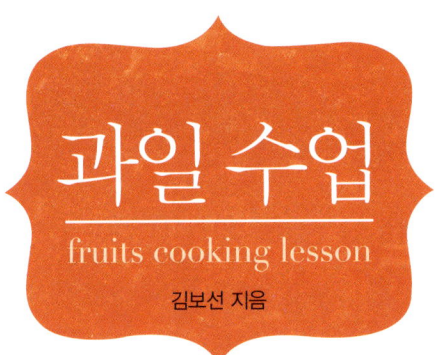

과일 수업

fruits cooking lesson

김보선 지음

Delicious Fruits

Prologue ·008

Part 1
맛있는 대표 과일 7

Part 3
과일 예쁘게 담기

Bonus Info
더 알고 싶은 과일 이야기 ·232

Prologue

일본에서 유학을 하며 요리와 푸드 스타일링을 배우던 어느 날, 수업의 주제가 디저트였습니다. 저는 단순히 '케이크 종류겠지' 생각했는데 '구운 사과'가 등장했어요. 속을 파낸 뒤 버터와 설탕, 다진 견과류를 잔뜩 채워 오븐에서 구운 사과였는데 모양새는 정말 마음에 들지 않았습니다. 예쁜 사과가 시커멓게 변해 꼭 찌그러진 것 같았지요. '배운 것이니 맛이나 좀 보자'는 생각으로 한입 먹어 보았죠. 그런데 정말 여태껏 먹어 보지 못한 새로운 맛이었습니다.

사과와 버터의 달콤함이 입 안에서 사르르 녹는 게 애플파이랑은 전혀 달랐어요. 고급스러운 풍미에 놀란 저는 사과의 새로운 매력에 감탄했지요. 게다가 선생님이 사과 위에 얹어 주신 바닐라아이스크림과 함께 먹었을 때 입 안에 감돌던 차갑고 따스한 온도를 잊을 수가 없습니다. '등잔 밑이 어둡다'는 말처럼 그 이후로 과일을 활용한 디저트에 관심을 갖게 되었지요. 과일 요리가 많은 외국 자료를 샅샅이 뒤지고 유명한 레스토랑을 찾아다녔습니다. 서양에서는 오래전부터 과일을 샐러드 외에도 다양하게 활용하고 있었어요. 복숭아나 사과를 볶아 스테이크와 함께 곁들이기도 하고, 키위나 오렌지 등을 양파나 파프리카와 함께 잘게 다진 뒤 닭고기나 생선 요리의 소스로 사용하는 등 활용 범

위가 무궁무진했어요. 그들은 과일 특유의 새콤달콤한 맛이 다양한 식재료와 잘 맞는다는 것을 알고 있었던 거죠.

그제야 저는 베이킹을 할 때 과일 껍질을 넣으면 더욱 풍부한 맛을 낼 수 있다는 사실도 알게 되었고, 조리 방법을 달리할 때마다 새로운 풍미가 생긴다는 것을 배우게 되었어요. 시행착오 끝에 과일이 디저트는 물론 요리에도 의외로 잘 어울린다는 사실을 깨달았지요.

신선한 생과일로 왜 굳이 요리를 하느냐고 의아해하는 분이 많습니다. '새콤달콤한 과일을 왜 식재료처럼 요리에 사용하느냐'는 질문도 종종 받아요. 하지만 생각해 보세요. 프루츠 칵테일이 들어간 탕수육은 다들 한 번쯤 먹어 본 기억이 있을 겁니다. 새콤달콤한 과일이 있어 튀긴 고기가 전혀 느끼하지 않고 향긋해 식욕을 돋우지요. 또 월남쌈이 맛있는 건 다양한 과일이 들어 있기 때문 아닐까요? 알고 보면 우리도 불고기나 갈비를 양념할 때 키위나 배를 갈아서 깔끔한 단맛을 내고, 고기를 연하게 하는 등 과일을 다양하게 요리에 활용하고 있습니다.

입맛이 없을 때 새콤달콤한 과일의 매력을 느껴 보세요. 냉장고에 늘 있는 만만한 과일로 요리를 하면 식욕을 되찾을 수 있을 거예요. 이 책

에서는 제가 즐겨 먹는 사과구이와 캐러멜바나나구이, 키위 소스 해파리냉채 등을 비롯해 여러 가지 베이킹, 디저트 요리를 소개했습니다. 의외의 궁합을 통해 밥반찬으로 활용하기 좋은 요리도 있고, 폼 나는 일품요리도 있어 손님 초대 요리에 잘 어울려요. 남은 과일을 활용한 다양한 저장법이나 간편한 잼 레시피는 물론 과일 깎는 요령도 담았습니다. 과일은 그냥 먹어도 충분히 맛있지만 이 책을 통해 미처 몰랐던 과일의 새로운 맛과 풍미를 알 수 있길 바랍니다.

책을 만드는 동안 많은 분이 도움을 주셨습니다. 과일이라는 재미있는 콘셉트의 책을 제안하고 과일 요리에 통달하도록 독려해 주신 김옥현 팀장님, 기발한 아이디어와 재치로 촬영장 분위기를 밝게 만들어 준 이미종님, 밋밋한 스튜디오를 다양한 공간으로 연출해 요리를 더욱 맛있고 예쁘게 찍어 주신 이보영 실장님, 온갖 궂은일을 묵묵히 처리해 원활한 촬영을 할 수 있게 도와준 태환 씨에게 감사를 전합니다. 그리고 과일에 덤벼드는 하루살이와 싸우면서도 항상 웃는 얼굴로 촬영을 도와준 미율 씨 고마워요. 언제나 소리 없이 저를 응원해 주는 가족들과 장 피디님에게도 고마움을 전합니다.

1
Part

맛있는 대표 과일 7

매일 먹는 밥반찬처럼 과일은 우리 식탁에 빠져서는 안 될 필수 식품입니다. 제철 과일을 꼬박꼬박 챙겨 먹으면 값비싼 영양 보조제가 필요 없지요. 흔히 과일은 생으로 먹는 것으로만 알고 있습니다. 하지만 익히면 영양이 풍부해지는 과일도 많고 조리 방법에 따라 새로운 맛을 내기도 한답니다. 후식으로 즐겨 먹던 과일을 일품요리, 디저트, 반찬으로 다양하게 즐겨 보세요.

Strawberry

딸기는 상큼한 향기로 다가오는 봄의 전령사입니다.

하우스 재배가 일반화되어 한겨울에도 먹을 수 있지만,

딸기의 진면목은 단연 4월에 드러납니다.

매년 봄이면 논산 등 딸기 산지는 물론 호텔에서도 다양한 딸기 축제가 열립니다.

과일의 여왕 딸기, 그 매력 속으로 들어가 볼까요?

*

Strawberry

ABOUT
STRAWBERRY

산지와 종류

딸기는 시설 재배를 통해 10월부터 이듬해 5월 까지 출하되지만 제철은 4~5월로, 이 시기의 딸기가 가장 맛있다. 대표적인 산지는 논산과 합천, 고령 등이며, 논산은 40년 역사를 가지고 있는 전국 최대 딸기 산지로 해마다 딸기 축제가 열린다.

레드펄(육보)
끝이 둥글면서 뭉툭하고 표면이 주름지다.

설향(논산3호)
삼각 모양에 선홍빛을 띠며 당도가 높다. 가장 흔히 먹는 품종.

장희
고추 딸기라고 불리는 품종으로 끝이 길쭉한 것이 특징. 단맛이 강하지만 속이 비어 있다.

영양

딸기는 비타민 C의 여왕으로 100g당 71mg 정도 함유되어 있다. 비타민 C 함유량은 귤보다 1.6배, 키위보다 2.6배 많으며 딸기 5~6개를 먹으면 하루에 필요한 비타민 C를 섭취할 수 있다. 꾸준히 먹으면 감기는 물론 피부에 멜라닌 색소가 침착되는 것을 막아 기미, 주근깨 예방에 도움이 된다.
잘 익은 딸기에는 식물성 섬유질인 펙틴이 풍부해 혈액을 깨끗하게 해 주는 한편 장운동을 촉진해 변비를 없애 준다. 또한 색이 빨간 딸기일수록 항산화 효과가 뛰어난 안토시아닌이 많이 들어 있어 눈의 피로를 풀어 준다.

선택법 & 손질법

1. 붉은색이 꼭지 가까이 퍼져 있는 것을 고른다

표면이 울퉁불퉁하지 않고 윤기가 흐르며 만졌을 때 탄력이 있는 것이 싱싱하다.
붉은색이 꼭지 가까이 퍼져 있고 표면의 솜털이 살아 있는 것, 꼭지의 잎이 마르지 않고 진한 녹색을 띠는 것이 좋다.

2. 적당한 크기가 맛있다

표면이 울퉁불퉁하거나 씨가 튀어나온 것, 무른 것은 피한다.
과육이 너무 크면 속이 비었거나 당도가 떨어질 수 있으므로 손가락 2마디 정도 크기를 고른다.

3. 물에 오래 담그지 않는다

딸기는 1분간 물에 담갔다가 흐르는 물에 하나하나 손가락으로 가볍게 문지르며 30초간 씻어 먹는다. 물에 오래 담가 두면 비타민 C가 빠져나가므로 주의한다.

4. 씻지 않고 냉장 보관한다

냉장 보관할 때는 씻지 말고 랩에 싸서 채소 칸에 넣고 이틀 안에 먹는다.

ABOUT STRAWBERRY

먹는법

1. 궁합

생과 ⭕
딸기에 풍부한 비타민 C는 열과 공기에 약해 조리하지 않고 생으로 먹는 것이 가장 좋다. 또한 꼭지 부분으로 갈수록 당도가 떨어지기 때문에 파란 부분부터 먹어야 단맛을 충분히 느낄 수 있다.

우유 + 딸기 ⭕
딸기에 풍부한 구연산은 우유의 칼슘 흡수를 돕고, 비타민 C는 철분 흡수를 돕는다. 딸기를 냉동시켰다가 우유와 함께 갈아 먹으면 좋다.

설탕 + 딸기 ❌
설탕은 딸기에 함유된 비타민 B₁, 사과산, 구연산 소모를 심화시켜 영양 효율을 낮춘다. 딸기의 영양을 손실 없이 섭취하려면 설탕을 뿌리지 않고 먹는다.

2. 추천 메뉴

딸기치즈타르트
타르트지 위에 크림치즈와 플레인 요구르트로 만든 필링을 채운 뒤 생딸기를 얹은 디저트.

발사믹딸기샐러드
채소, 딸기 위에 발사믹식초와 꿀을 졸여 만든 소스를 뿌려 신선하다.

딸기셰이크
딸기, 우유, 아이스크림 등을 넣고 곱게 간 음료. 냉동한 딸기를 활용하기 좋다.

딸기크럼블
딸기 위에 아몬드가루와 밀가루를 섞어 만든 크럼블을 얹어 오븐에 구운 따뜻한 디저트.

딸기잼

strawberry jam

설탕을 적게 넣을수록 맛이 개운하지만 저장 기간은 줄어든다. 3~4개월 이상 먹으려면 설탕을 100g 정도 늘린다. 딸기를 끓일 때 불린 판 젤라틴을 넣으면 덜 달면서 부드러운 상태로 굳는다.

재료
딸기 1kg, 설탕 550g, 레몬즙 약간

이렇게 만드세요
1. 딸기는 씻어서 체에 밭쳐 물기를 제거한 뒤 꼭지를 뗀다.
2. 냄비에 딸기와 설탕을 넣고 레몬즙을 뿌린 뒤 센 불로 끓인다.
3. 팔팔 끓으면 중약불로 줄인 뒤 주걱으로 저어가며 끓이다 하얀 거품이 생기면 중간 중간 걷어낸다.
4. 딸기가 무르고 물기가 졸아들어 걸쭉한 농도가 되면 불을 끈다. 완성된 잼은 소독한 유리병에 담아 뚜껑을 덮고 거꾸로 엎어 둔다.

잼을 졸이다 찬물에 한두 방울 담가 보아 풀어지지 않으면 불을 끈다.
잼을 차가운 접시에 흘렸을 때 천천히 흐르다 멈추면 완성.

딸기절임

strawberry preserve

딸기절임은 빙수에 넣거나 셰이크를 만드는 등 활용도가 높다. 설탕이 많이 들어가지 않기 때문에 2주일 정도 냉장 보관이 가능하다. 더 오래 먹으려면 냉동실에 얼린다.

재료
딸기 500g, 설탕 2컵

이렇게 만드세요
1. 유리병을 뜨거운 물로 소독한 뒤 물기를 없애고 설탕을 한 층 깐다.
2. 씻어 꼭지를 떼고 물기를 뺀 딸기와 설탕을 켜켜이 얹은 뒤 뚜껑을 덮는다.
3. 반나절쯤 지나 딸기에서 즙이 나오고 설탕이 녹으면 밑바닥에 가라앉은 설탕을 저어 녹인다. 냉장고에 두었다 바로 먹을 수 있다.

딸기절임에서 나온 시럽은 베이킹 반죽이나 음료를 만들 때 사용한다.

냉동 딸기

ice strawberry

제철 딸기를 구입해 냉동해 두었다가 우유나 요구르트와 함께 갈아 셰이크를 만든다. 냉동한 상태로 설탕과 함께 끓여 잼을 만들어도 된다.

재료
딸기 150g

이렇게 만드세요
1. 딸기는 씻어 꼭지를 떼고 키친타월에 얹어 물기를 뺀다.
2. 트레이에 유산지를 깔고 씻은 딸기를 나란히 세워 얼린다.
3. 얼린 딸기를 지퍼 백이나 밀폐용기에 담아 보관한다.

유산지를 깔고 얼리면 하나씩 떼기 편하고 트레이와 서로 붙지 않아 좋다.

*딸기잼쿠키

지름 6cm, 지름 4cm 틀 25개

제철 딸기의 향긋함을 느낄 수 있는 쿠키를 소개합니다.
크기가 다른 쿠키 틀을 활용해 사랑스러운 모양을 만들었어요.
밀가루 양을 줄이고 아몬드가루를 넣어 부드럽고 달콤하답니다.

- 재료

박력분 180g
버터 120g
아몬드가루 · 설탕 60g씩
달걀노른자 33g(1과 1/2개)
딸기잼 적당량(만드는 법은 P19 참고)
덧밀가루 · 슈거파우더 약간씩

쿠키 반죽이 부드러워 오래 만지면 모양 틀
로 찍었을 때 찢어지기 쉽다. 반죽이 너무 말
랑해지면 중간 중간 냉장고에 넣어 두었다가
다시 찍는다.

- 이렇게 만드세요

1. 볼에 실온에 두어 말랑해진 버터와 설탕을 넣고 거품기로 풀
다가 달걀노른자를 조금씩 부어가며 섞는다. 박력분과 아몬
드가루를 체에 내려 넣고 고루 섞는다.

2. 반죽이 한 덩어리로 뭉쳐지면 비닐 백에 담아 냉장고에서 30
분간 휴지시킨 뒤 덧밀가루를 살살 뿌리고 3mm 두께로 납작
하게 민다. 크기가 다른 하트 틀 2개를 준비해 큰 것으로 반
죽을 2개 찍고 1개는 작은 틀로 찍어 테두리만 남긴다.

3. ②를 오븐 팬에 담아 180℃로 예열한 오븐에 12분간 구워 식
힌 다음 구운 쿠키 중 테두리만 남은 쿠키 윗면에 슈거파우
더를 솔솔 뿌린다.

4. 구멍이 뚫리지 않은 쿠키와 슈거파우더를 뿌린 쿠키를 1개씩
겹친 뒤 중앙에 딸기잼을 채운다.

*딸기빙수

2인분

여름철 인기 메뉴인 딸기빙수를 만들었어요.
딸기절임과 바닐라아이스크림, 단팥의 맛이 어우러진 달콤한 디저트입니다.
팥은 반나절 이상 물에 불려서 삶아야 부드러운 맛을 살릴 수 있어요.

- 재료

딸기절임 3큰술(만드는 법은 P20 참고)
연유 2큰술
바닐라아이스크림 · 얼음 적당량씩

단팥 조림 _ 팥 1/2컵, 설탕 2큰술
물엿 1큰술, 소금 1/2작은술

빙수는 먹는 동안 얼음이 녹으면서 물이 생기
므로 우유 대신 연유를 넣는 것이 좋다.

- 이렇게 만드세요

1. 팥은 씻어 물을 충분히 붓고 반나절 정도 불린다. 냄비에 불린 팥을 담고 팥이 푹 잠길 정도의 물을 부어 끓이다 팥이 한소끔 끓으면 물을 따라낸다.

2. ①의 냄비에 다시 물을 충분히 붓고 설탕과 소금을 넣어 센 불에서 끓인다. 물이 끓어오르면 중약불로 줄인 뒤 주걱으로 저어가며 뭉근하게 졸인다. 팥이 부드럽게 익으면 물엿을 넣고 한소끔 끓인 뒤 불을 끄고 식힌다.

3. 얼음을 곱게 갈아 그릇에 담고 연유를 뿌린다.

4. ③에 단팥 조림 절반과 딸기절임, 바닐라아이스크림을 얹는다.

*딸기컵케이크

지름 6cm 머핀 컵 6개

따뜻한 봄날과 잘 어울리는 디저트로 상큼한 딸기 향이 은은하답니다.
진한 딸기 향을 느끼고 싶다면 딸기즙의 양을 늘린 뒤
냄비에서 한소끔 끓여 수분을 날리고 반죽에 넣어 보세요.

– 재료

딸기 200g(딸기즙 1/2컵)
박력분 300g, 설탕 230g
버터 220g, 달걀 150g(3개)
우유 1/4컵
베이킹파우더 1과 1/2작은술
딸기(장식용) 약간

프로스팅 _ 크림치즈 150g
딸기잼 100g, 버터 50g

머핀은 바로 구웠을 때보다 하루 정도 지나야
수분이 고르게 퍼져 촉촉하고 맛있다. 프로스
팅을 준비해 두었다가 먹기 직전에 올린다.

– 이렇게 만드세요

1. 버터는 실온에 두어 말랑해지면 거품기로 푼 다음 설탕을 넣고 휘핑한다. 여기에 달걀을 조금씩 넣어가며 젓다가 박력분과 베이킹파우더를 체에 내려 섞는다.

2. ①에 강판에 간 딸기와 우유를 넣고 고루 섞는다. 머핀 컵에 반죽을 2/3 정도 채운 다음 180℃로 예열한 오븐에 25~30분간 구워 틀째 식힌다.

3. 크림치즈와 버터를 실온에 두어 부드러워지면 거품기로 섞은 뒤 딸기잼을 넣어 프로스팅을 만든다.

4. 짤주머니에 프로스팅을 담아 머핀 위에 동그랗게 짠 다음 딸기를 반으로 잘라 장식한다.

*발사믹딸기

2인분

흑설탕에 절인 딸기와 발사믹식초 특유의 새콤한 맛이 어우러진 디저트랍니다.
만들기 쉽고 풍미가 좋아 손님 초대 요리로도 손색없어요.
화이트 와인 대신 샴페인이나 스파클링 와인을 넣어도 됩니다.

▬ 재료

딸기 225g(약 15개)
흑설탕 1큰술
발사믹식초 1/2큰술
레몬즙 2/3작은술
화이트 와인 적당량

딸기를 흑설탕에 한 번 절이기 때문에 푹 익
은 것보다 약간 단단한 것을 사용하는 것이
좋다.

▬ 이렇게 만드세요

1. 딸기는 씻어 꼭지를 떼고 반으로 자른 뒤 흑설
탕을 넣고 버무려 10분간 잰다.

2. 설탕이 녹고 딸기즙이 나오면 발사믹식초와 레
몬즙을 뿌려 섞는다.

3. ②를 컵에 담고 화이트 와인을 자작하게 잠길
정도로 붓는다.

*딸기크럼블

2인분

뜨겁게 먹는 딸기 디저트예요.
빵 대신 크럼블과 딸기만으로 만든 간식이라 가볍게 먹을 수 있답니다.
바닐라아이스크림을 적당히 올리면 뜨거운 것과 차가운 것이 어우러져
색다른 맛을 즐길 수 있어요.

- 재료

딸기 150g(약 10개)
설탕 · 코코넛 슬라이스 1큰술씩
레몬즙 1/2큰술
계핏가루 1/4작은술

크럼블 _ 차가운 버터 · 설탕 ·
박력분 · 아몬드가루 30g씩

코코넛 슬라이스 대신 다진 건과류를 올려 구
워도 맛있다.

- 이렇게 만드세요

1. 박력분과 아몬드가루를 체에 내린 뒤 깍둑 썬 버터와 설탕
   을 넣고 포크로 으깬다.

2. ①을 손으로 비벼 보슬보슬한 상태가 되면 냉동실에 넣는다.

3. 딸기는 씻어 꼭지를 떼고 깍둑 썰어 설탕, 레몬즙, 계핏가
   루를 넣고 섞는다.

4. 오븐 용기에 ③의 딸기를 담고 ②의 크럼블을 3~4큰술 얹은
   뒤 코코넛 슬라이스를 뿌린다. 180℃로 예열한 오븐에 넣어
   크럼블이 노릇해질 때까지 10분 정도 굽는다.

*딸기요구르트아이스바

길이 7cm 4개

손쉽게 만들 수 있는 홈메이드 아이스크림으로 첨가물을 넣지 않아 안심하
고 먹을 수 있어요. 달콤하게 먹고 싶을 땐 올리고당을 약간 넣으면 좋아요.

- 재료

딸기 75g(약 5개)
플레인 요구르트 2개(200g)

아이스크림 틀에 내용물을 붓고 살짝 얼린
뒤 나무젓가락을 꽂아야 스틱 모양을 반듯
하게 잡을 수 있다. 틀에서 아이스크림을 뺄
때는 따뜻한 물에 틀째 잠시 담가 두면 쉽
게 빠진다.

- 이렇게 만드세요

1. 딸기를 믹서나 강판에 곱게 갈아 딸기즙 5큰술을
   만든다.

2. 플레인 요구르트에 딸기즙 3큰술을 넣고 섞는다.

3. 아이스크림 틀에 ②를 3/4 정도 채운 뒤 30분간
   얼린다.

4. 냉동실에서 ③을 꺼내 가운데에 나무젓가락을 꽂고
   2~3시간 얼린 뒤 딸기즙 2큰술을 채워 다시 2시간
   동안 꽁꽁 얼린다.

*딸기당고

6개

당고는 일본의 전통 간식이에요. 일반적으로 팥을 사용하지만
딸기 고유의 색을 살리고 싶어 흰팥 앙금을 사용했어요.
100% 찹쌀가루를 이용해야 쫄깃하고 맛있어요.

- 재료

찹쌀가루 150g, 딸기 120g(약 8개)
소금 약간

딸기 앙금 _ 딸기즙 6큰술(딸기 90g)
흰팥 앙금 4큰술

딸기를 잘게 다져서 반죽하면 씹는 맛을 더
할 수 있다. 이때는 반죽에 물을 약간 넣어
야 잘 뭉쳐진다.

- 이렇게 만드세요

1. 딸기를 강판에 간 뒤 찹쌀가루와 소금을 넣고 반죽한다.

2. ①의 반죽을 조금씩 떼서 한입 크기로 동그랗게 빚는다.

3. 끓는 물에 ②를 넣고 위로 떠오르면 건져 얼음물에 담갔다
   건진다.

4. 볼에 흰팥 앙금을 담고 강판에 갈아 만든 딸기즙을 조금씩
   넣어가며 섞는다.

5. 당고를 꼬치에 3~4개 끼운 뒤 ④의 딸기 앙금을 끼얹는다.

*딸기샐러드

2인분

제철 딸기의 향을 살린 샐러드 메뉴예요.
식감이 다소 딱딱한 아스파라거스와 콜리플라워,
딸기를 씨겨자 드레싱에 버무렸어요.
모차렐라 치즈나 페타 치즈와 같은
덩어리 치즈를 잘라 곁들이면 맛이 더욱 풍부해집니다.

− 재료

딸기 120g(약 8개), 블랙 올리브 3개
아스파라거스 2개, 콜리플라워 1/4개

드레싱 _ 올리브 오일 2큰술
씨겨자 2작은술, 식초 1작은술
소금 · 후춧가루 약간씩

펜네나 푸실리 등 쇼트 파스타를 삶아 섞으면 콜
드파스타로 즐길 수 있다.

− 이렇게 만드세요

1. 딸기는 씻어 꼭지를 뗀 뒤 2등분하고 콜리플라워는
   한입 크기로 썬다. 아스파라거스는 반으로 자른 뒤
   어슷 썰고 블랙 올리브는 둥글게 슬라이스한다.

2. 콜리플라워와 아스파라거스는 끓는 물에 데친 뒤
   찬물에 헹궈 물기를 뺀다.

3. 분량의 재료를 섞어 드레싱을 만든 뒤 모든 재료를
   넣고 가볍게 버무린다.

*딸기시금치샌드위치

2인분

제철에 맛볼 수 있는 건강 샌드위치입니다.
고소한 맛이 일품인 시금치와 상큼한 딸기의 조화가 제격이에요.
샌드위치 소로 만들었지만, 빵을 빼고 샐러드로 즐겨도 맛있어요.

- 재료

잡곡빵 4장, 시금치 8장
딸기 75g(약 5개), 양파 1/4개, 베이
컨 2장
파르메산 치즈가루 약간

딸기 드레싱 _ 딸기즙 4큰술(60g)
올리브 오일 · 레몬즙 2큰술씩
소금 약간

수분이 많은 샌드위치라 만들어서 바로 먹지
않으면 눅눅하다. 빵 안쪽에 버터를 얇게 바르
면 빵에 수분이 흡수되는 것을 막을 수 있다.

- 이렇게 만드세요

1. 딸기는 씻어 꼭지를 떼고 도톰하게 썬다. 시금치는 깨끗이
   씻어 뿌리를 제거하고 양파는 동그랗게 슬라이스한다.

2. 베이컨은 한입 크기로 자른 뒤 달군 팬에 앞뒤로 노릇하게
   굽는다. 잡곡빵도 달군 팬에 앞뒤로 노릇하게 굽는다.

3. 분량의 재료를 섞어 딸기 드레싱을 만든 뒤 딸기, 시금치, 양
   파, 베이컨을 넣고 고루 버무린다.

4. 잡곡빵 1장 위에 ③을 얹은 뒤 파르메산 치즈가루를 뿌리고
   다른 잡곡빵 1장으로 덮는다.

*딸기 소스 생선튀김

2인분

명절에 주로 먹는 동태포를 활용한 스페셜 메뉴입니다.
딸기잼에 녹말물을 넣고 끓여 새콤달콤한 소스를 만들었어요.
소스에 식초 대신 핫 소스를 넣으면 매운맛이 살아나
튀김 요리의 느끼함이 없어요.

- 재료

동태포 200g, 빵가루 1컵
밀가루 1/2컵, 달걀 1개
포도씨유 적당량
소금 · 후춧가루 · 파슬리 약간씩

딸기 소스 _ 식초 4큰술
딸기잼 2큰술(만드는 법은 P19 참고)
감자녹말 · 물 1작은술씩, 소금 약간

녹말물은 한꺼번에 넣으면 덩어리져 굳어 버리므
로 숟가락으로 저으면서 조금씩 넣는다.

- 이렇게 만드세요

1. 동태포는 해동시켜 키친타월로 가볍게 물기를 닦은
   뒤 소금, 후춧가루를 뿌려 밑간한다.

2. ①의 동태포 앞뒤에 밀가루를 묻히고 여분의 가루
   를 살짝 턴 다음 달걀물, 파슬리를 섞은 빵가루 순
   서로 옷을 입힌다.

3. 물과 감자녹말을 섞어 녹말물을 만든다. 냄비에 식
   초, 딸기잼, 소금을 넣고 한소끔 끓인 뒤 녹말물을
   넣고 고루 저은 다음 불을 끈다.

4. 160℃로 달군 포도씨유에 ②의 동태포를 노릇하게
   튀긴 뒤 ③의 딸기 소스를 곁들인다.

Banana

바나나는 사계절 먹을 수 있는 만만한 과일이에요.
그냥 먹어도 좋지만 식사 대용이나 다이어트식, 건강식, 한식 등에
다양하게 활용할 수 있습니다.
이제 바나나를 베이킹은 물론 다채로운 요리에 사용해 보세요.

*

Banana

ABOUT BANANA

산지와 종류

바나나는 말레이시아 반도가 원산지로 아시아의 열대 지방에서 주로 생산된다. 우리나라에 수입되는 바나나는 대부분 필리핀산이며, 몇 해 전부터는 남제주도에서도 바나나를 재배해 수확하고 있다.

대만 바나나 마트에서 쉽게 살 수 있는 바나나로 진한 단맛이 난다.
몽키 바나나 길이 7㎝, 직경 2.5㎝ 정도의 작은 바나나로 껍질이 얇고 맛이 달다.

영양

바나나는 1개가 164㎉로 과일 중 칼로리가 가장 높다. 여러 가지 당질이 들어 있어 섭취했을 때 체내에 흡수되는 시간이 달라 장시간 몸에 에너지를 생산하기 때문에 심한 운동을 할 때 먹으면 좋다. 칼륨과 카로틴도 풍부해 운동으로 인한 근육 경련을 막는 작용을 하며 고혈압 예방에도 효과적이다. 무엇보다 식이섬유가 풍부해 임신 중 변비에 특효이기도 하다. 또한 바나나에 함유된 타닌 성분은 장의 점막에서 수분 분비를 조절해 설사를 예방한다.

선택법 & 손질법

1. 밝은 노란색을 고른다

바나나는 밝은 노란색을 띠고 전체적으로 색이 균일하며, 송이의 밑동 모양이 제대로 잡힌 것을 고른다. 거뭇거뭇한 반점이 생기기 시작할 때 당도와 영양이 가장 높고 맛도 좋다.

2. 꼭지에서 1㎝는 자른다

바나나의 잔류 농약은 껍질과 밑동에 집중되어 있으므로 꼭지에서 1㎝ 정도는 잘라내고 남은 부분을 먹는 것이 안전하다.

3. 냉동 보관한다

익은 바나나는 껍질을 벗기고 랩에 싸서 냉동 보관하거나 한입 크기로 썰어 유산지를 깐 쟁반에 올려 얼린 뒤 지퍼 백에 담는다. 냉동 바나나는 스무디를 만들면 좋다.

4. 실온에서 익힌다

바나나는 냉장고에 보관하면 상해 전체가 까맣게 변해 버리므로 바람이 잘 통하는 곳에 두고 3~7일 이내에 먹는 것이 좋다.

먹는법

1. 궁합

익히기 ⬭
바나나는 가열하면 단맛이 증가하고 부드러워진다. 출출할 때 구운 바나나에 버터를 바르고 설탕을 뿌려 먹으면 열량을 채울 수 있다.

바나나 + 견과류 ⬭
바나나 요리를 할 때 호두나 아몬드 등 견과류를 곁들이면 바나나의 유효 성분과 견과류의 구리 성분이 상생작용을 해 적혈구 생성을 돕는다. 빈혈은 물론 부정맥 치료에도 효과적이다.

바나나 + 레몬 ⬭
바나나는 껍질을 벗기는 순간 갈변되므로 자른 단면에 레몬즙을 발라 변색을 막는 것이 좋다. 특히 탄수화물이 주성분인 바나나와 신맛이 강한 레몬은 영양 궁합이 잘 맞는다.

2. 추천 메뉴

바나나검은깨셰이크
고소한 맛이 일품인 음료로 포만감이 있어 출출할 때 간식으로 좋다.

바나나로티
태국식 팬케이크로 익히면 단맛이 증가하는 바나나의 매력을 느낄 수 있다.

바나나메이플스무디
메이플 시럽의 은은한 단맛과 계피 향이 개성 있는 음료.

바나나파운드케이크
으깬 바나나를 듬뿍 넣어 바나나 향이 풍부한 파운드케이크. 호두 등 견과류를 넣으면 더욱 고소하다.

바나나잼

banana jam

바나나를 조리면 생으로 먹을 때의 풋내가 사라지고 달콤함이 진해진다. 빵이나 크래커에 발라 먹으면 맛있으며, 머핀이나 파운드케이크 구울 때 반죽에 넣어도 좋다.

재료
바나나(껍질 벗긴 것) 1kg, 설탕 400~500g

이렇게 만드세요
1. 바나나를 큼직하게 썰어 냄비에 설탕과 함께 넣고 끓인다.
2. 파르르 끓으면 중약불로 줄인 뒤 거품을 걷어가며 끓이다 걸쭉해지면 불을 끈다.

600g 정도의 양이 완성되며 2주간 냉장 보관이 가능하다. 뭉근하게 끓었을 때 얇게 간 다크 초콜릿을 넣고 10분간 더 끓이면 바나나초콜릿잼이 된다.

바나나 식초

banana vinegar

매 끼니마다 3큰술씩 먹으면 다이어트에 효과적이다. 만든 다음 날부터 먹어도 좋지만 냉장 보관했다가 일주일 후부터 먹는 것이 더 좋다. 물에 희석해 음료처럼 마시거나 샐러드드 레싱으로 활용해도 좋다. 아침에는 공복에 마신다.

재료
바나나 · 흑설탕 400g씩, 현미식초 800㎖

이렇게 만드세요
1. 바나나는 껍질을 벗기고 도톰하게 썬다.
2. 냄비에 흑설탕과 식초를 넣고 설탕이 살짝 녹을 정도로 만 데운다.
3. 열소독한 유리병에 바나나를 담고 ②를 부은 다음 뚜껑을 덮어 하루 동안 실온에서 숙성시킨 뒤 냉장 보관해 두었다 먹는다. 오래 보관하고 싶다면 2주 후 체에 걸러 과육은 버리고 식초만 병에 담아 냉장 보관한다.

식초 대신 흑초로 만들면 풍미가 깊어져 더욱 맛있다.

바나나크레이프*

프랑스 전통 디저트인 크레이프에 익힌 바나나를 올리면 맛이 달콤해져요.
차가운 생크림과 초콜릿을 곁들여도 좋고
생크림 대신 아이스크림을 함께 내도 맛있어요.

─ 재료

바나나 2개, 우유 170㎖, 달걀 75g, 중력분 70g, 설탕 · 중탕한 버터 15g씩, 초
콜릿 시럽 3큰술, 견과류(아몬드 슬라이스 · 피스타치오 · 캐슈넛) 1/2큰술씩
생크림 · 포도씨유 적당량씩

─ 이렇게 만드세요

1. 바나나는 껍질을 벗겨 슬라이스하고 견과류는 기름 없이
   달군 팬에 볶아 식힌다.

2. 볼에 달걀과 우유를 넣고 푼 뒤 중력분과 설탕, 버터를 넣어
   거품기로 들었을 때 주르르 흐를 정도로 묽게 반죽한다.

3. 달군 팬에 포도씨유를 두르고 키친타월로 가볍게 닦은 다
   음 ②의 반죽을 국자로 떠 넣고 약한 불에서 팬을 기울여
   가며 익힌다.

4. ③이 어느 정도 익으면 바나나를 얹고 반으로 접은 뒤 부
   채꼴 모양으로 한 번 더 접은 다음 생크림과 견과류 볶은
   것을 얹고 초콜릿 시럽을 뿌린다.

크레이프가 얇아서 양면을 뒤집어서 익히지 않아도 된다.

바나나브라우니 [※]

2인분

바나나의 촉촉한 맛이 잘 살아나는 진한 맛의 브라우니입니다.
커피와 함께 따뜻하게 먹어도 좋고 차갑게 먹어도 좋아요.
바닐라나 호두 아이스크림을 곁들이면 색다른 디저트가 됩니다.

– 재료

바나나 3개, 달걀 1개, 중력분 100g, 물 100㎖, 설탕 75g, 다크 초콜릿 70g
버터 60g, 생크림 50㎖, 코코아가루 25g, 베이킹파우더 1/2작은술

– 이렇게 만드세요

1. 바나나는 껍질을 벗겨 2개는 포크로 잘게 으깨고 1개는 도
   톰하게 슬라이스한다.

2. 냄비에 물, 버터, 코코아가루를 넣고 끓으면 불을 끈 뒤 달
   걀, 설탕, 다크 초콜릿, 생크림을 넣고 고루 섞는다.

3. ②에 체에 내린 중력분과 베이킹파우더를 넣고 대충 섞다
   으깬 바나나를 넣고 섞는다.

4. 유산지를 깐 오븐팬에 ③을 붓고 슬라이스한 바나나를 얹
   어 170℃로 예열한 오븐에 40분간 굽는다. 브라우니는 틀
   째 식힌 뒤 냉장고에 넣어 굳힌다.

브라우니는 수분이 많은 케이크라 속까지 완전히 굽지 않아도 된다. 한김 식히면 단단하고 쫀
득해진다.

바나나쿠키 *

부드럽고 촉촉한 바나나쿠키는 우유와 함께 곁들이면 영양 만점 간식이 됩니다.
폭신폭신하면서 향이 진해 아이들도 좋아하지요.

– 재료

바나나 2개, 박력분 160g, 버터 90g, 설탕 50g, 달걀 1개, 베이킹파우더 1/2작은술

– 이렇게 만드세요

1. 바나나는 껍질을 벗긴 뒤 포크로 잘게 으깬다.

2. 버터는 실온에 두어 부드러워지면 설탕을 넣고 고루 섞은
뒤 달걀을 넣고 휘핑한다.

3. ②에 체에 내린 박력분과 베이킹파우더, 으깬 바나나를 넣
고 가볍게 섞은 뒤 냉장고에 넣어 1시간 동안 휴지시킨다.

4. ③을 숟가락으로 떠 유산지를 깐 오븐팬에 얹고 170℃로
예열한 오븐에 20분간 노릇하게 굽는다.

쿠키 반죽에 다진 호두나 코코넛 슬라이스, 건포도 등을 넣으면 씹는 맛이 더해져 고소하다. 바
닐라에센스나 오일을 약간 넣으면 바나나 맛을 한층 진하게 살릴 수 있다.

바나나찹쌀도넛 *

어릴 적에 시장에서 먹던 즉석 도넛은 잊을 수 없는 맛이었습니다.
쫄깃한 추억의 찹쌀도넛 안에 바나나를 넣어 봤어요.
튀겨서 바로 먹으면 부드러운 바나나가 입 안에서 사르르 녹아요.

– 재료

바나나 3개, 찹쌀가루 300g, 물 170㎖, 강력분 70g, 설탕 50g
베이킹파우더 · 소금 5g씩, 덧밀가루 · 설탕 · 포도씨유 적당량씩

– 이렇게 만드세요

1. 찹쌀가루, 강력분, 설탕, 베이킹파우더, 소금은 한 번에
체에 내린다.

2. 볼에 ①의 가루 재료를 넣고 물을 조금씩 부어가며 반죽
한다.

3. 바나나는 한입 크기로 썰어 덧밀가루를 뿌린 뒤 ②의 반죽
을 조금 떼서 가운데에 넣고 동그란 모양을 만든다.

4. 160℃로 달군 포도씨유에 ③을 넣고 약한 불에서 노릇하
게 튀긴 뒤 설탕에 굴린다.

바나나에 덧밀가루를 뿌리면 바나나의 수분을 흡수해 반죽이 분리되지 않는다. 설탕에 계핏가
루를 약간 섞어 버무려도 맛있다.

바나나샌드위치 *

2인분

출출할 때 먹으면 좋은 따끈한 샌드위치입니다.
땅콩버터의 고소한 맛과 바나나가 어우러져 풍미가 좋아요.

– 재료

바나나 1과 1/2개, 식빵 4장, 땅콩버터 4큰술, 꿀 1~2큰술, 건포도 2작은술
우유 약간

– 이렇게 만드세요

1. 바나나는 껍질을 벗긴 뒤 큼직하게 다진다.

2. 식빵은 가장자리를 자른 다음 밀대로 얇게 민다.

3. 땅콩버터를 전자레인지에 10초간 돌려 부드럽게 만든 뒤
   꿀과 섞어 ②의 식빵 가운데에 펴 바르고 바나나와 건포도
   를 얹는다. 가장자리에는 우유를 바른다.

4. ③의 빵을 대각선으로 접은 뒤 가장자리를 포크로 꾹꾹
   눌러가며 붙이고 기름 없이 달군 팬에 앞뒤로 노릇하게
   굽는다.

식빵이 말랐을 때는 반으로 접으면 찢어지기 쉽다. 이럴 때는 젖은 면포로 덮어 촉촉하게 만
들어 사용한다.

바나나커피양갱[*]

2인분

한가로운 오후 티타임에 잘 어울리는 양갱을 만들어 봤어요.
은은한 커피양갱 속에 바나나가 들어 있어 차와 곁들여도 좋아요.
커피의 쌉쌀한 맛 때문에 달지 않습니다.

— 재료

바나나 2개, 팥 앙금 500g, 물 350㎖, 설탕 45g, 한천가루 15g
인스턴트커피 2큰술

— 이렇게 만드세요

1. 냄비에 물, 한천가루를 넣고 15분간 불린 뒤 설탕, 인스턴
   트커피를 넣고 주걱으로 저어가며 끓인다.

2. ①이 바글바글 끓으면 불을 끄고 팥 앙금을 넣어 잘 풀어
   준다.

3. 파운드케이크 틀에 ②를 절반 정도 붓고 껍질을 벗긴 바나
   나를 넣은 뒤 나머지를 부어 바나나를 완전히 덮는다.

4. ③이 식으면 냉장고에 2시간 정도 보관했다가 꺼내 먹기
   좋게 썬다.

양갱을 굳힌 다음 틀 가장자리에 칼끝을 넣어 공기가 들어가게 하면 틀에서 깔끔하게 떨어
진다.

바나나고구마그라탱 *

2인분

바나나와 고구마는 맛이 부드럽고 고소해 서로 잘 어울리는 궁합입니다.
짭짤한 치즈와 크림소스로 풍미가 좋은 그라탱을 만들어 봤어요.
구운 빵을 곁들여도 맛있습니다.

- 재료

바나나 2개, 호박고구마 1개, 생크림 · 모차렐라 치즈 2/3컵씩
파르메산 치즈가루 1큰술

- 이렇게 만드세요

1. 바나나는 껍질을 벗기고 도톰하게 썬다. 호박고구마는 찜
   통에 찐 뒤 껍질을 벗기고 바나나와 같은 크기로 썬다.

2. 냄비에 생크림을 담아 끓으면 파르메산 치즈가루를 넣고
   고루 섞는다.

3. 오븐용기에 바나나와 호박고구마를 담고 ②를 부은 뒤 모
   차렐라 치즈를 얹고 200℃로 예열한 오븐에 5~6분간 노
   릇하게 굽는다.

소스를 끓일 때 넛맥 등 향신료를 넣으면 색다른 맛을 느낄 수 있다.

바나나빠스*

길거리 인기 간식인 빠스를 고구마 대신 바나나로 만들어 보았어요.
입에 넣으면 바삭한 캐러멜 설탕이 부서지면서 부드러운 바나나 맛을 볼 수 있어요.
바나나는 오래 튀기면 속이 무르기 때문에 중간 불에서 빠르게 튀겨야 한답니다.

— 재료

바나나 2개, 달걀노른자 1개, 설탕 1컵, 중력분 · 감자녹말 · 물 1/2컵씩
포도씨유 적당량

— 이렇게 만드세요

1. 바나나는 한입 크기로 도톰하게 썰어 달걀노른자에 버무
   린 뒤 중력분, 감자녹말, 물을 넣고 섞은 반죽에 넣는다.

2. 160℃로 달군 포도씨유에 ①을 노릇하게 튀긴다.

3. 냄비에 뜨거운 포도씨유 3큰술과 설탕을 넣고 약한 불에
   서 설탕이 황갈색이 될 때까지 끓인다. 설탕이 다 녹을 때
   까지 주걱으로 젓지 않는다.

4. ③의 설탕이 황갈색으로 변하면 튀긴 바나나를 넣고 버무
   린 뒤 유산지를 깐 접시에 겹치지 않게 놓는다. 완전히 식
   으면 그릇에 옮겨 담는다.

튀긴 바나나를 설탕 소스에 버무릴 때 찬물을 옆에 두고 젓가락을 담그면서 옮기면 젓가락에
바나나가 붙지 않는다.

MON JOURNAL D'ALBUM

바나나캐러멜아이스크림*

2인분

달콤 쌉싸래한 캐러멜과 구운 바나나의 풍미가 잘 어우러지는 고급스러운 디저트입니다.
바닐라나 호두처럼 부드러운 아이스크림 위에 얹어 차갑게 먹으면 맛있어요.
크루아상을 곁들이면 브런치 메뉴로도 손색없답니다.

― 재료

바나나 2개, 설탕 5큰술, 코코넛 슬라이스 2큰술
버터 · 럼(혹은 브랜디) 1큰술씩, 바닐라아이스크림 · 계핏가루 적당량씩

― 이렇게 만드세요

1. 바나나는 껍질을 벗기고 세로로 2등분한 뒤 한입 크기로
   썬다. 코코넛 슬라이스는 기름 없이 달군 팬에 노릇하게
   볶는다.

2. 팬에 설탕을 넣고 약한 불에서 연갈색이 될 때까지 녹인다.

3. ②의 설탕이 황갈색으로 변하면 바나나, 버터, 럼을 넣고
   재빠르게 섞은 뒤 바로 불을 끈다.

4. 그릇에 바닐라아이스크림을 담고 ③을 올린 뒤 코코넛 슬
   라이스와 계핏가루를 뿌린다.

바나나를 볶을 때 호두나 아몬드 슬라이스를 넣어도 맛있다.

바나나초콜릿아이스바 *

2인분

남은 바나나를 활용해 쉽게 만들 수 있는 레시피입니다.
초콜릿 옷을 입혀 고소한 땅콩을 뿌렸더니 맛이 쌉쌀하면서 부드러워졌어요.
아이와 어른 모두 좋아하는 디저트예요.

- 재료

바나나 2개, 땅콩 2큰술, 다크 초콜릿 적당량

- 이렇게 만드세요

1. 바나나는 껍질을 벗겨 2등분한 뒤 나무젓가락에 꽂는다.
땅콩은 칼로 다진다.

2. 볼에 다크 초콜릿을 넣고 중탕으로 녹인다.

3. ②에 바나나를 반 정도 담갔다가 뺀 뒤 다진 땅콩가루를
묻힌다.

4. 쟁반 위에 유산지를 깔고 ③을 얹어 냉동실에서 얼린다.

중탕한 초콜릿이 뜨거울 때 바나나를 담그면 초콜릿이 주르르 흘러내린다. 살짝 식힌 뒤 바나나
를 담가야 모양이 매끈해지고 빨리 굳는다.

Apple

사과는 우리와 가장 친숙한 과일입니다.

영양이 풍부하면서 맛이 자극적이지 않아 매일 먹어도 질리지 않죠.

'아침 사과는 금, 저녁 사과는 독'이라는 의견이 제기되면서

아침 식사 대신 사과주스로 건강을 챙기는 경우도 많습니다.

흔해서 소중함을 몰랐던 사과의 놀라운 변신을 기대하세요.

✳

Apple

ABOUT APPLE

산지와 종류

국내 생산량의 60% 이상이 풍기, 안동, 영주 등 경상북도에서 재배되었으나 최근에는 강원도가 사과의 주산지로 각광받고 있다. 제철은 10~11월로 이때 수확한 사과를 저장해 두었다가 봄까지 판매한다.

부사 가장 많이 생산되는 품종. 껍질이 두껍고 과육이 단단하며 맛이 달다.
홍옥 신맛이 강하고 아삭아삭하다.
아오리 7월 말에서 8월 초에 수확하는 여름 사과. 껍질이 연둣빛이며 새콤하고 아삭하다.

영양

주성분은 과당, 포도당 등의 당질로 우리 몸에 흡수가 잘된다. 특히 펙틴이라는 식물성 섬유가 풍부해 장을 튼튼하게 하는 것은 물론 변비 개선에 도움을 준다. 중간 크기 사과 1개의 열량은 130㎉ 정도로 아침이나 운동 전에 먹으면 내장지방을 줄여 주고 근력을 향상시키는 에너지 공급원이 된다. 뿐만 아니라 뾰루지 발생을 억제해 미용에도 효과적이다.

선택법 & 손질법

1. 표면이 거친 것을 고른다

사과는 껍질이 거칠고 전체적으로 붉은빛을 띠고 상처가 없는 것이 싱싱하다. 일교차가 큰 곳에서 자란 사과일수록 당도가 높아 당분이 바깥으로 배어나와 표면이 거칠어진다. 왁스를 바른 것처럼 윤기가 도는 사과는 오래된 것이다.

2. 다른 채소와 함께 보관하지 않는다

사과는 건조하지 않게 종이나 랩에 싸서 보관해야 선도를 유지할 수 있다. 가을철에는 실온에 보관해도 된다. 단, 냉장 보관할 때는 사과에서 나오는 에틸렌 가스가 다른 과일을 빨리 익히는 작용을 해 상하게 할 수 있으므로 주의한다. 감자와 함께 보관하면 감자에 싹이 나는 것을 막아 감자의 저장 기간을 늘릴 수 있다.

3. 꼭지는 제거하고 껍질째 먹는다

사과는 흐르는 물에 씻어 껍질째 먹는데, 꼭지 주변의 움푹 들어간 부분에는 농약이 남아 있을 수 있으므로 이 부분은 제거한다.

먹는법

1. 궁합

사과즙 + 레몬 ⬤

사과의 신맛을 내는 사과산은 염증을 억제하는 효과가 있어 목의 점막을 보호해 준다. 목이 아플 때 마시면 좋다. 사과는 껍질을 깎는 즉시 갈변되므로 레몬즙을 조금 넣는다. 레몬즙을 넣으면 갈변을 막아 줄 뿐만 아니라 레몬의 유기산이 더해져 상승효과를 준다.

아침 사과 ⬤

신진대사가 활발한 아침에 사과를 먹으면 포도당이 공급되어 두뇌 활동이 원활해진다. 반면 에너지 소모가 적은 밤에는 사과의 당분이 체내에 그대로 남아 지방 합성을 촉진, 체지방이 증가할 수 있다. 저녁에 사과를 먹으면 사과산이 위의 산도를 높여 속이 쓰리게 하며 장이 예민한 사람은 복통이 생길 수 있다.

2. 추천 메뉴

애플파이

사과를 설탕, 버터, 계핏가루와 함께 볶은 뒤 파이 위에 얹어 노릇하게 구운 디저트.

사과콜리플라워냉수프

사과와 콜리플라워를 버터에 볶다가 밀가루, 생크림을 넣고 끓여 곱게 간 뒤 차게 식혀 먹는 수프.

사과조림 곁들인 프렌치토스트

설탕을 캐러멜 상태가 될 때까지 끓인 뒤 사과, 버터, 럼 등을 넣고 재빨리 조린 것을 프렌치토스트 위에 곁들인 간식.

애플 소스 폭찹

사과를 버터에 볶아 레몬즙, 물, 설탕 등을 넣고 뭉근하게 끓인 소스를 구운 고기에 곁들여 먹는 요리.

사과조림

apple preserve

제철 사과는 설탕에 조려 두면 토스트나 빵에 잼처럼 곁들여 먹기 좋다. 특히 파운드케이크나 머핀 반죽 등 베이킹을 할 때 다양하게 활용할 수 있다.

재료
사과 500g(작은 것 3개), 설탕 4큰술, 버터 1큰술, 레몬즙 2/3작은술 계핏가루 1/2작은술

이렇게 만드세요
1. 사과는 씻어 껍질을 제거하고 사방 1cm 크기로 썬 뒤 레몬 즙을 뿌려 가볍게 섞는다.
2. 달군 팬에 버터를 녹여 사과와 설탕을 볶는다.
3. 사과가 투명해지고 한숨 죽으면 수분이 날아갈 때까지 볶다가 계핏가루를 뿌리고 한소끔 조린 뒤 불을 끈다. 식으면 유리병에 담는다.

사과조림은 애플파이에 넣어도 좋다. 이때는 녹말을 1큰술 넣고 살짝 볶은 뒤 파이지에 얹어야 중간에 물이 나와 반죽이 무르는 것을 막을 수 있다.

말린 사과

dried apple

사과는 마르면서 단맛이 진해진다. 말린 사과는 남녀노소 모두의 영양 간식으로 좋다. 말린 사과는 차로 마시기에 적당하다. 말린 상태로 과자나 빵을 구울 때 넣으면 독특한 식감을 맛볼 수 있다.

재료
사과 2개

이렇게 만드세요
1. 사과는 씻어 씨를 도려내고 반달 모양으로 슬라이스한다.
2. 오븐 식힘망에 ①을 올린 뒤 130℃로 예열한 오븐에 1시간 30분 동안 가열시킨다.

통풍이 잘되는 가을철에는 슬라이스한 사과를 채반에 넣어 그늘에 말려도 된다.

[*]사과코울슬로

2인분

5분이면 완성할 수 있는 스피디 메뉴예요. 셀러리와 사과로 만들어 아삭
거리는 맛이 좋습니다. 빵에 넣으면 산뜻한 맛의 샌드위치가 됩니다.

- 재료

사과 1개, 양배추잎 2장
셀러리 1/2대, 레몬즙 1작은술
장식용 셀러리잎 약간

드레싱 _ 마요네즈 1과 1/2큰술
식초 1/2큰술, 씨겨자 · 설탕
1/2작은술, 후춧가루 약간

셀러리 대가 굵은 경우 필러로 질긴 섬유질을
벗겨내고 사용한다.

- 이렇게 만드세요

1. 사과는 껍질째 가늘게 채 썬 뒤 레몬즙을 뿌려 가볍게 섞
   는다.

2. 양배추는 사과와 같은 크기로 채 썰고 셀러리는 줄기 부분
   만 어슷 썬다.

3. 볼에 분량의 재료를 섞어 드레싱을 만든다.

4. 볼에 사과와 양배추, 셀러리를 담고 드레싱을 섞어 그릇에
   담은 뒤 셀러리잎으로 장식한다.

*사과미역초무침

2인분

입맛을 돋우는 상큼한 저칼로리 다이어트 메뉴입니다.
일본식 폰즈 소스로 무치면 입맛을 돋우고
비타민과 미네랄의 흡수가 잘되게 도와주지요.
미역 대신 모둠 해초를 넣어도 맛있답니다.

- 재료

사과 2개, 오이 1/2개
미역 1줌(130g), 소금 1/4작은술

소스 _ 간장 · 식초 2큰술씩
물 1큰술, 설탕 1과 1/2작은술
레몬즙 1작은술

오이는 소금에 살짝 절여야 다른 재료들과 잘
어우러지고 씹는 맛도 좋다.

- 이렇게 만드세요

1. 미역은 물에 불렸다가 체에 건져 물기를 꼭 짠 뒤 먹기 좋
   게 썬다.

2. 사과는 먹기 좋게 썬다. 오이는 얇게 썰어 소금을 뿌리고 15
   분간 절인 뒤 물에 헹궈 물기를 꼭 짠다.

3. 작은 볼에 분량의 소스 재료를 넣고 설탕이 녹을 때까지 젓
   는다.

4. 볼에 미역, 사과, 오이를 담고 ③의 소스를 부어 가볍게 무
   친다.

*사과호두샐러드

2인분

마요네즈에 버무린 사과샐러드는 반찬 없는 날 금세 만들 수 있는 메뉴입니다.
자칫 느끼할 수 있는 마요네즈에 다진 마늘과 파르메산 치즈가루를 넣으면 개운한
맛이 납니다. 호두를 넣으면 씹을수록 고소해요.

- 재료

사과 1개, 오이 1/2개, 호두 1/2컵
소금 약간

드레싱 _ 마요네즈 2큰술
파르메산 치즈가루 2작은술
올리브 오일 1작은술
다진 마늘 1/4작은술
후춧가루 · 파슬리 약간씩

호두는 요리하기 직전에 살짝 볶으면 잡내가
없어지고 더욱 고소해진다. 약한 불에서 전체
가 노릇해지도록 볶는다.

- 이렇게 만드세요

1. 호두는 달군 팬에 살짝 볶아 식힌다.

2. 사과는 껍질째 사방 1.5cm 크기로 썬다. 오이는 길이로 반 갈
   라 씨를 제거한 뒤 사과와 같은 크기로 썬다.

3. 볼에 분량의 드레싱 재료를 모두 넣고 고루 섞는다.

4. 볼에 호두, 사과, 오이를 담고 소금과 드레싱을 섞은 뒤 그
   릇에 담는다.

*사과소시지오븐구이

2인분

서양에서 흔히 먹는 사과구이를 일품요리로 만들었습니다.
소시지와 베이컨의 짭짤한 맛과 달콤한 제철 사과의 맛이 어우러져 와인과도 잘 어울려요.
마늘이나 통후추가 들어간 소시지를 사용해도 맛있어요.

− 재료

소시지 3개, 사과 2개
양파 · 치킨스톡 1개씩, 베이컨 3장
맥주 1과 1/2컵
사과즙 1/2컵(사과 2/3개 강판에 간 것)
버터 · 밀가루 1큰술씩
소금 · 후춧가루 약간씩

소시지는 미리 칼집을 넣어야 익는 동안 터지
지 않을 뿐 아니라 간도 잘 배고 국물도 맛있
다. 밀가루는 어떤 것을 사용해도 된다.

− 이렇게 만드세요

1. 사과는 8등분한 뒤 씨를 도려낸다. 양파는 4등분한다.

2. 소시지는 칼집을 2~3번 넣고 베이컨으로 감는다.

3. 달군 팬에 버터를 녹인 뒤 사과, 양파, 소시지를 넣고 소금,
   후춧가루를 뿌려 볶는다. 양파가 투명해지면 밀가루를 뿌린
   뒤 약한 불에서 볶는다.

4. ③에 맥주, 사과즙, 치킨스톡을 넣고 한소끔 끓으면 소금으
   로 간을 맞춘다.

5. 오븐 용기에 ④를 담아 200℃로 예열한 오븐에 사과가 푹 익
   을 때까지 20분간 굽는다.

사과고구마수프

4개

사과와 고구마의 달콤하고 부드러운 맛이 별미입니다.
뜨겁게 먹는 수프 대신 차가운 사과수프는 디저트 메뉴는 물론 아이 간식으로도 좋습니다.
사과를 그릇으로 활용해 수프를 먹고 난 뒤 그릇이 된 사과를 잘라서 먹는 재미도 있답니다.

- 재료

사과 4개, 호박고구마 1/2개(50g)
우유 2와 1/2컵, 버터 1/2큰술
계핏가루 약간

사과와 고구마를 볶다가 우유를 부어 끓이면
사과의 산 성분 때문에 우유가 덩어리질 수 있
다. 믹서에 갈면 고구마의 전분질 덕에 잘 섞
여 다시 부드러워진다.

- 이렇게 만드세요

1. 사과는 윗부분을 자른 뒤 숟가락으로 속을 파낸다. 고구마
   는 껍질을 벗긴 뒤 얇고 넓적하게 썬다.

2. 달군 팬에 버터를 녹여 사과 속과 고구마를 넣고 볶다 우유
   를 붓고 고구마가 부드러워질 때까지 끓여 식힌다.

3. ②를 믹서에 곱게 간다.

4. ③에 계핏가루를 섞은 뒤 ①의 속을 파낸 사과에 부어 냉장
   고에 넣어 두었다가 차갑게 먹는다.

*사과고추장무침

2인분

말린 사과를 고추장에 무친 즉석 장아찌예요.
사과의 달콤한 맛과 매콤함이 어우러져 누구나 좋아하는 반찬입니다.
액젓을 조금 넣으면 더 개운한 느낌을 주지요.

― 재료

말린 사과 50g(만드는 법은 p73 참고)
고추장 · 청주 1큰술씩
물엿 1/2큰술
까나리액젓(또는 멸치액젓) 1/3작은술
통깨 약간

말린 사과의 두께에 따라 불리는 시간을 조절
해야 꼬들꼬들한 식감을 잘 살릴 수 있다.

― 이렇게 만드세요

1. 말린 사과는 따뜻한 물에 20분간 불려 물기를 꼭 짠다.

2. 볼에 고추장, 청주, 물엿, 까나리액젓을 넣고 고루 섞는다.

3. 불린 사과에 ②의 양념을 넣고 조물조물 무친 뒤 그릇에 담
   고 통깨를 뿌린다.

*통사과오븐구이

2인분

사과가 제철인 가을에 만들기 좋은 간식입니다.
익힐수록 달콤함이 더해지는 사과구이는 바닐라아이스크림이나
따뜻한 크루아상과 곁들이면 훌륭한 디저트가 되지요.
설탕의 양은 입맛에 따라 조절하세요.

- 재료

사과 · 시나몬 스틱 2개씩, 호두 5알

시나몬 버터 _ 버터 · 설탕 3큰술씩
건포도 2큰술, 아몬드 · 호두
· 계핏가루 1큰술씩

사과를 익히는 시간은 취향에 따라 조절한
다. 짧게 구우면 새콤하면서 개운하고 오래
구우면 사과와 시나몬 버터의 풍미가 깊어
져 달콤하다.

- 이렇게 만드세요

1. 사과는 중앙의 심을 뺀다. 도구가 없을 경우 칼로 둥글게
   파낸다.

2. 아몬드와 호두는 칼로 곱게 다진다. 실온에 두어 말랑해진
   버터와 설탕, 건포도, 아몬드, 호두, 계핏가루를 볼에 담아
   섞는다.

3. ①의 사과 속에 ②를 채운 뒤 시나몬 스틱을 끼우고 호두
   를 얹는다.

4. 오븐 팬에 ③의 사과를 담고 180℃로 예열한 오븐에 40~60
   분간 굽는다. 굽는 중간 중간 꺼내 바닥의 과즙을 끼얹는다.

*사과젤리

2인분

잘 익은 사과로 만든 디저트입니다.
꿀이 많은 사과는 펙틴이 풍부해 젤리로 만들면 잘 굳습니다.
레몬즙을 넣으면 갈변을 막아줄 뿐 아니라 새콤한 맛도 더할 수 있어요.

- 재료

사과즙 1과 1/2컵(사과 2개 강판에
간 것), 판 젤라틴 4와 1/2장(9g)
레몬즙 2/3작은술

모양 틀에 넣어 굳히고 싶을 때는 젤라틴의 양
을 늘려 단단하게 만든다.

- 이렇게 만드세요

1. 껍질을 벗기고 강판에 간 사과즙에 레몬즙을 뿌리고 한소
끔 끓인다.

2. 판 젤라틴은 찬물에 5분간 불렸다가 물기를 꼭 짠 뒤 ①이 뜨
거울 때 넣고 주걱으로 저어 녹인다.

3. 유리그릇에 ②를 담고 냉장고에 넣어 1시간 정도 굳힌다.

*사과프리터

2인분

사과를 얇게 썰어 만든 애플도넛이에요.
우리에게는 사과튀김이 일반적이지 않지만
서양에서는 튀긴 사과를 이용한 요리가 많습니다.
동그란 모양을 살린 사과튀김에 계핏가루를 뿌리면
더욱 맛있어요.

- 재료

사과 2개, 밀가루 · 포도씨유 적당량씩
슈거파우더 · 계핏가루 약간씩

튀김 반죽 _달걀 1/2개
밀가루 100g, 우유 80㎖
녹인 버터 25㎖, 설탕 1큰술
베이킹파우더 1/2작은술
소금 1/4작은술

사과에 덧밀가루를 발라야 튀김옷이 잘 묻는
다. 반죽이 너무 빽빽해지면 우유를 조금 부
어 농도를 조절한다. 밀가루는 어떤 종류를 사
용해도 무방하다.

- 이렇게 만드세요

1. 사과는 심을 뺀 뒤 링 모양을 살려 0.8㎝ 두께로 슬라이스
   한다.

2. 슬라이스한 사과 앞뒤에 밀가루를 묻힌다.

3. 볼에 분량의 튀김 반죽 재료를 넣고 섞은 뒤 ②의 사과에 옷
   을 입혀 160℃로 달군 포도씨유에 넣고 약한 불에서 노릇하
   게 색이 날 때까지 튀긴다.

4. 튀긴 사과에 슈거파우더와 계핏가루를 솔솔 뿌린다.

*사과탕수육

2인분

단맛이 강한 사과를 활용한 탕수육입니다.
소스에 사과즙을 넣으면 더욱 달콤해져 아이들이 특히 좋아합니다.

- 재료

돼지고기(안심) 400g, 사과 1개
양파·오이 1/2개씩, 포도씨유 적당량

고기 양념 _ 청주 1/2큰술, 생강가루 1/2
작은술, 소금 1/3작은술, 후춧가루 약간

튀김 반죽 _ 달걀 1개, 감자녹말 1컵
물 3큰술, 포도씨유 1큰술

소스 _ 사과즙·물 1/2컵씩, 식초 3큰
술, 간장 1과 1/2큰술, 설탕 1큰술

물녹말 _ 감자녹말·물 1큰술씩

돼지고기를 튀김옷에 버무릴 때 포도씨유를
약간 넣으면 반죽이 손에 들러붙지 않는다.

- 이렇게 만드세요

1. 돼지고기는 5㎝ 길이로 썰어 분량의 고기 양념 재료로 밑간
   한 뒤 분량의 튀김 반죽 재료를 넣고 고루 버무린다.

2. 사과와 양파는 한입 크기로 썬다. 오이는 길이로 반 자른 뒤
   씨를 파내고 어슷하게 썬다. 소스에 넣을 사과는 강판에 갈
   아 체에 밭친 뒤 맑은 즙만 받는다.

3. 160℃로 달군 포도씨유에 ①의 돼지고기를 노릇하게 2번 튀
   긴다.

4. 감자녹말과 물을 섞어 물녹말을 만든다. 냄비에 분량의 소스
   재료를 넣고 끓으면 사과와 양파, 오이를 넣어 한소끔 끓인
   뒤 물녹말을 조금씩 부어 걸쭉하게 농도를 맞춘다.

5. ④에 튀긴 돼지고기를 넣고 버무린다.

Mandarin Orange

주황빛 알갱이들이 온몸에 비타민을 불어넣을 것 같은
과일이 바로 귤과 오렌지입니다.
피곤할 때 신선한 오렌지주스 한 잔 마시면 피로가 확 풀리는 것 같아요.
'비타민 C의 보고'인 귤과 오렌지는 남녀노소 누구나 사랑하는 과일입니다.
새콤하고 탱탱한 매력을 살린 요리는 식탁에도 싱그러움을 불어넣어 줍니다.

*

Mandarin · Orange

ABOUT MANDARIN · ORANGE

산지와 종류

굴과 오렌지는 감귤과로 지구상에는 무려 80여 종의 감귤과 작목이 있다. 귤은 중국, 오렌지는 인도가 원산지다. 국내산 귤은 대부분 10~2월까지 제주도에서 생산된다. 오렌지는 주로 캘리포니아산이 많지만 최근에는 제주도에서도 재배된다.

하우스 감귤 제주도에서 가장 많이 재배되는 귤로 껍질이 얇고 과즙이 풍부하다.
한라봉 제주 특산품으로 향이 진하고 씹는 맛이 독특해 인기다.
청견 표면이 귤보다 매끈하고 오렌지보다 껍질이 얇다. 알맹이가 부드럽고 오렌지와 향이 비슷하다.
발렌시아오렌지 과즙이 풍부해 음료를 만드는 품종으로 껍질이 두껍다.
네이블오렌지 발렌시아오렌지보다 과즙은 적지만 신맛이 덜 나고 달아 생과일로 먹는다. 꼭지 반대편에 배꼽이 있다.

영양

굴과 오렌지는 비타민 C가 풍부한 천연 영양제다. 하루에 귤 2개만 먹으면 성인 하루 비타민 필요량을 섭취할 수 있다. 특히 귤의 속껍질에는 식물성 섬유가 풍부하고 흰 부분은 비타민 B_1과 P가 풍부하다. 귤은 87%가 수분이라 다이어트 식품으로도 제격이다. 꾸준히 먹으면 감기를 예방해 주는 한편 피부 미백에도 효과가 있다.

선택법 & 손질법

1. 크기에 비해 무거운 것을 고른다

껍질이 얇고 단단하며 크기에 비해 무거운 귤이 과즙이 풍부하다. 오렌지는 색이 선명하고 전체적인 모양이 균일하며, 꼭지가 작고 짙은 녹색을 띠는 것이 맛있다.

2. 통풍이 잘되는 곳에 보관한다

귤은 저온에서 장기간 보관해도 영양 손실이 거의 없다. 오렌지는 통풍이 잘되는 실내에 보관하고 충분히 익은 것은 먹기 직전에 냉장고에 넣어 두었다 먹는다.

3. 껍질은 데쳐서 요리한다

껍질에 잔류 농약이 남아 있을 수 있으므로 껍질을 사용하는 요리를 할 때는 끓는 물에 살짝 데쳐서 사용한다.

4. 싱싱하지 않은 과일은 잼을 만든다

귤과 오렌지는 맛과 향이 상큼해 마멀레이드나 잼을 만들면 베이킹, 음료 등에 다양하게 활용할 수 있다. 특히 껍질을 말리면 향이 더 진해 장식용으로 활용하기 좋다.

먹는법

1. 궁합

귤껍질+생선 ⭕
귤껍질은 약으로 쓰기도 한다. 생선 요리를 할 때 귤껍질을 넣으면 생선 비린내를 없앨 수 있다.

오렌지+토마토 ⭕
오렌지는 간에서 알코올을 분해하는 동안 손실되는 비타민 C가 풍부하다. 토마토는 알코올로 손상된 혈관을 지켜 주는 칼륨이 풍부하다. 오렌지와 토마토를 함께 갈아 주스로 마시면 숙취 해소가 빨리 된다.

2. 추천 메뉴

오렌지아이스티 오렌지 향이 잘 녹아난 아이스티로 민트, 로즈메리 등의 허브와도 잘 어울린다.
오렌지탕수육 소스에 오렌지 과육을 넣으면 달콤한 맛을 더할 수 있다.
오렌지 소스 오리구이 볶은 양파에 오렌지즙과 오렌지제스트를 넣고 졸인 소스를 오리가슴살 구이에 끼얹은 요리.
오렌지해물샐러드 홍합, 오징어, 새우 등을 데친 뒤 오렌지, 샐러드 채소와 함께 프렌치드레싱에 버무린 샐러드.

오렌지

마멀레이드

orange marmalade

오렌지껍질을 넣어 쌉쌀한 풍미가 살아 있는 오렌지마멀레이드. 살을 발라내고 남은 속껍질을 한 번 끓이면 펙틴을 추출할 수 있는데, 이것이 마멀레이드를 투명하게 굳히는 역할을 한다.

재료
오렌지 3개, 설탕 350~400g

이렇게 만드세요
1. 오렌지는 껍질을 벗긴 뒤 속살만 도려낸다. 껍질과 과육, 속껍질은 따로 둔다.
2. 오렌지껍질은 끓는 물에 데친 뒤 흰 부분을 도려내고 곱게 채 썬다.
3. 냄비에 오렌지 속껍질을 담고 자작할 정도로 물을 부어 한소끔 끓인 뒤 체에 밭쳐 물만 따로 받는다.
4. 냄비에 ③과 오렌지 과육, 껍질, 설탕을 담아 센 불에서 끓인다. 수분이 어느 정도 날아가면 약한 불로 줄여 주걱으로 저어가며 뭉근하게 조린다. 마멀레이드가 투명해지면 불을 끈다.

오렌지껍질의 흰 부분을 완전히 도려내면 쓴맛을 줄일 수 있다.

오렌지필

orange peel

서양 요리에 많이 쓰이는 오렌지필은 베이킹할 때 효자 노릇을 톡톡히 한다. 그냥 먹어도 되지만 빵이나 쿠키 등의 반죽에 넣으면 은은한 오렌지 향을 살릴 수 있다.

재료
오렌지껍질 4개, 설탕 2와 1/2큰술

이렇게 만드세요
1. 오렌지는 껍질만 모아 흰 부분을 칼로 도려내고 남은 겉껍질 부분을 사용한다.
2. ①을 큼직하게 다진다.
3. 팬에 ②와 설탕을 넣고 약한 불에서 주걱으로 저어가며 조린다. 설탕이 녹고 수분이 증발해 하얀 결정이 생기면 불을 끄고 식힌다.

결정이 생긴 뒤 계속 조리면 너무 딱딱해지므로 결정이 보일 때 바로 불을 끈다.

오렌지부추샐러드 *

부추와 오리엔탈 드레싱은 참 잘 어울립니다.
오렌지를 슬라이스해서 넣으면 알싸한 부추의 맛을 더 싱그럽게 해 식욕을 돋워 줍니다.
구운 두부를 넣으면 고소하고 생식용 두부를 넣으면 개운하지요.

— 재료

오렌지 2개, 영양부추 50g, 두부 1/2모, 포도씨유 적당량

오리엔탈 드레싱 _ 간장 2큰술, 식초 · 양파즙 1큰술씩, 포도씨유 1/2큰술
참깨 1작은술

— 이렇게 만드세요

1. 오렌지는 속껍질을 벗기고 과육만 도려낸다. 부추는 씻
   어 5㎝ 길이로 썬다.

2. 달군 팬에 포도씨유를 두르고 한입 크기로 도톰하게 썬 두
   부를 앞뒤로 노릇하게 굽는다.

3. 볼에 분량의 재료를 넣어 드레싱을 만든다.

4. 접시에 오렌지, 부추, 두부를 담고 드레싱을 넣어 가볍
   게 섞는다.

두부는 구워서 키친타월에 올려 기름기를 제거해야 다른 재료와 섞었을 때 드레싱이 잘 스며
들어 맛있다.

오렌지 소스 관자구이*

2인분

오렌지의 맛과 향이 물씬 풍기는 요리로 입맛을
돋워 줍니다. 쫄깃하고 담백한 관자와 오렌지는 식감이 잘 어울리지요.
화이트 와인이나 스파클링 와인과 곁들이면 좋아요.

– 재료

관자 3개, 화이트 와인 1큰술, 크레송 · 소금 · 후춧가루 · 올리브 오일 적당량씩

오렌지 소스 _ 오렌지 1개, 빨강 파프리카 1/2개, 양파 1/4개, 식초 2큰술
다진 마늘 1/2작은술, 소금 약간

– 이렇게 만드세요

1. 관자는 2㎝ 두께로 썰어 소금 · 후춧가루 · 올리브 오일을 뿌
린다.

2. 오렌지와 양파, 파프리카는 큼직하게 다진 뒤 나머지 재료와
섞어 오렌지 소스를 만든다.

3. 달군 팬에 올리브 오일을 두르고 손질한 관자를 올려 화이트
와인을 뿌려가며 노릇하게 굽는다.

4. 접시에 구운 관자와 크레송을 담고 오렌지 소스를 끼얹는다.

관자 대신 새우나 오징어를 넣어도 맛있다.

버섯굴샐러드*

2인분

버섯과 채소로 만든 저칼로리 샐러드라 양껏 먹어도 부담이 없어요.
굴마다 달고 신 정도가 다르므로 드레싱을 만든 뒤 식초와 설탕으로 맛을 조절하세요.

– 재료

표고버섯 · 만가닥버섯 2개씩, 새송이버섯 1개, 양파 1/2개, 샐러드 채소 적당량
굴 드레싱 _ 굴 2개, 식초 1과 1/2큰술, 올리브 오일 1/2큰술, 설탕 2작은술
소금 약간

– 이렇게 만드세요

1. 표고버섯은 기둥을 떼어낸 뒤 슬라이스하고, 만가닥버섯
   은 밑동을 자른 뒤 가닥을 떼어놓고, 새송이버섯은 2등분
   한 뒤 도톰하게 썬다. 양파는 슬라이스하고 샐러드 채소
   는 먹기 좋게 썬다.

2. 그릴 팬에 버섯을 넣고 그릴 자국을 내가며 굽는다.

3. 굴은 껍질을 벗긴 뒤 나머지 재료를 넣고 믹서에 갈아 드
   레싱을 만든다.

4. 볼에 구운 버섯, 양파, 샐러드 채소를 담고 ③의 드레싱을
   끼얹어 버무린다.

수분이 많으므로 먹기 직전 드레싱을 만든다.

귤무생채 *

2인분

단촛물에 절인 무생채에 귤껍질을 넣어 상큼한 맛을 더했어요.
귤껍질과 무는 맛이 의외로 잘 어울려요.
귤껍질은 오렌지처럼 쓰지 않아 흰 부분을 도려내지 않고 그대로 써도 됩니다.
피클처럼 파스타에 곁들이거나 구운 고기와 함께 먹어도 맛있어요.

재료

귤껍질 3개, 귤 1개, 무 5cm 길이 1토막, 설탕 1/2큰술, 식초 4작은술
소금 1/2작은술

이렇게 만드세요

1. 귤껍질은 5cm 길이로 채 썬다. 무도 귤껍질과 같은 크기
   로 채 썬다.

2. 볼에 귤껍질과 무를 넣고 설탕, 식초, 소금을 넣은 뒤 귤
   을 짜서 즙을 넣고 버무린다. 냉장고에 차게 보관해 두었
   다가 먹는다.

무가 쓸 때는 채 썬 뒤 물에 5~10분간 담가 두었다가 조리한다.

오렌지연어카나페*

2인분

특별한 날 손님 초대 요리로 적당한 메뉴예요.
풍미가 진한 크림치즈와 연어가 잘 어울리며
오렌지가 연어 특유의 느끼한 맛을 없애 줍니다.
취향에 따라 케이퍼를 곁들여도 잘 어울려요.

재료

오렌지 2개, 바게트 1개, 훈제연어 슬라이스 5장, 무순 1/4팩, 크림치즈 3큰술
다진 양파 2큰술, 마요네즈 1큰술, 후춧가루 약간

이렇게 만드세요

1. 바게트는 동그랗게 슬라이스한 뒤 기름 없는 팬에 노릇
   하게 굽는다.

2. 오렌지는 속껍질을 벗겨 살만 도려내고 훈제연어는 반으
   로 썬다. 무순은 씻어 물기를 뺀다.

3. 실온에 둔 크림치즈에 다진 양파와 마요네즈, 후춧가루
   를 넣고 섞는다.

4. 구운 바게트 위에 ③을 도톰하게 바르고 훈제연어를 올린
   뒤 오렌지와 무순을 얹는다.

마요네즈 대신 플레인 요구르트를 넣어도 맛있다.

귤말랭이[*]

남녀노소 누구나 좋아할 영양 간식이에요.
귤을 꾸덕꾸덕하게 말리면 쫄깃하게 씹히면서 알싸한 향이 퍼져 매력적이죠.
귤말랭이는 약간 두툼하게 썰어야 씹히는 맛이 좋답니다.
중탕해서 녹인 초콜릿에 반 정도 담갔다 빼서 굳히면 선물용으로도 좋습니다.

▬ 재료

귤 2개

▬ 이렇게 만드세요

1. 귤은 뜨거운 물에 씻어 도톰하게 슬라이스한다.

2. 키친타월을 이용해 귤의 물기를 가볍게 제거한다.

3. 오븐망에 귤을 담아 130℃로 예열한 오븐에 60분간 가열한다.

귤말랭이는 럼주나 보드카에 담가 불린 뒤 잘게 썰어 베이킹할 때 반죽에 넣으면 달콤한 풍미를 살릴 수 있다.

오렌지생초콜릿[*]

2인분

쌉쌀한 다크 초콜릿과 진한 오렌지 향이 어우러진 색다른 초콜릿이에요.
오렌지껍질에서 진한 맛과 향이 나기 때문에 오렌지즙을 넣지 않아도 된답니다.

- 재료

오렌지 1개, 다크 초콜릿 200g, 생크림 70㎖, 버터 1/2큰술, 물엿 1작은술
코코아가루 적당량

- 이렇게 만드세요

1. 오렌지는 깨끗이 씻어 껍질만 강판에 간다.

2. 냄비에 생크림을 담고 가장자리에 거품이 일기 시작하면
   불을 끈 다음 다크 초콜릿, 버터, 물엿을 넣고 주걱으로
   잘 섞는다.

3. ②에 강판에 간 오렌지껍질을 넣고 고루 섞는다.

4. 유산지를 깐 틀 위에 ③을 부어 냉장고에서 식힌다.

5. ④가 굳으면 한입 크기로 네모나게 썬 다음 코코아가루
   를 입힌다.

오렌지껍질의 흰 부분은 쓴맛이 강하므로 껍질을 갈 때 흰 부분이 들어가지 않도록 주의한다.

오렌지파운드케이크[*]

15cm 원형 틀 1개

파운드케이크 반죽에 오렌지필을 넣어 상큼한 풍미를 더했어요.
케이크를 구운 뒤 밀폐용기에 담아 놓았다가
하루 뒤에 먹으면 한결 더 촉촉하고 부드러워요.

— 재료

박력분 150g, 설탕 130g, 버터 120g, 오렌지필 50g(만드는 법 P99 참고), 달걀 2개
오렌지 1/2개, 중탕한 버터 · 덧밀가루 2큰술씩, 베이킹파우더 1과 1/2작은술
오렌지마멀레이드(만드는 법 P98 참고) · 슈거파우더 약간씩

— 이렇게 만드세요

1. 박력분과 베이킹파우더는 함께 체에 내린다. 오렌지는 즙을 짠다.

2. 실온에 둔 버터를 거품기로 잘 푼 다음 설탕을 넣고 섞는다.

3. ②에 달걀을 하나씩 넣어 푼 다음 ①의 가루 재료를 넣고 주걱으로 고루 섞는다. 박력분이 섞이면 오렌지필과 오렌지즙을 섞는다.

4. 케이크 틀에 중탕해서 녹인 버터를 바르고 덧밀가루를 뿌린 뒤 ③의 반죽을 부어 180℃로 예열한 오븐에 40분간 굽는다.

5. ④를 오븐에서 꺼내 식힘망에서 식힌다. 케이크 위에 슈거파우더를 뿌리고 오렌지마멀레이드를 얹어 장식한다.

반죽에 생강즙이나 생강가루 1작은술을 넣어도 맛있다. 오렌지필이 없다면 오렌지껍질 1개를 갈아서 넣는다.

귤컴포트*

2인분

늦겨울에 잠시 만날 수 있는 청견은 단단하고 향이 강해
뜨거운 시럽에 재는 디저트에 적합하지요.
새콤한 귤과 계피, 생강 등 향신료의 매운맛이 어우러진 이색 메뉴로
수정과와는 다른 오묘한 매력을 느낄 수 있어요.

― 재료

청견 4개, 팔각 13개, 계피 7cm 1조각, 생강 3cm 1톨, 물 1과 1/2컵, 설탕 3큰술

― 이렇게 만드세요

1. 청견은 껍질을 벗기고 1cm 두께로 슬라이스한다. 껍질은
곱게 채 썬다.

2. 냄비에 청견을 제외한 모든 재료를 담고 향이 잘 우러날 때
까지 약한 불에서 5분 정도 끓인다.

3. ②에 청견을 넣고 불을 끈 다음 완전히 식으면 냉장고에
넣는다. 채 썬 껍질을 얹어 먹는다.

팔각은 대형 마트에서 쉽게 구할 수 있다. 팔각이 없을 때는 통후추를 4~5알 넣어도 좋다. 청
견 대신 귤을 사용해도 된다.

귤그라니타[*]

2인분

보기만 해도 시원한 여름 디저트 그라니타는
빙수처럼 얼음 알갱이가 톡톡 씹히는 셔벗입니다.
귤즙은 얼리면 단맛이 약해지므로 얼리기 전에
약간 달게 느껴질 정도로 맛을 조절해야 합니다.

– 재료

귤 5개, 설탕 1~2큰술, 생강즙 1/2작은술

– 이렇게 만드세요

1. 귤은 껍질을 벗긴 뒤 믹서에 넣고 거칠게 간다.

2. ①에 설탕과 생강즙을 섞는다.

3. 깊이가 있는 용기에 ②를 담아 냉동실에서 얼린다.

4. ③이 얼면 포크로 긁어 다시 얼리는 과정을 2~3차례 반
복한다.

귤을 거칠게 갈면 씹히는 맛이 살아나 더 맛있다.

Kiwi fruit

싱그러운 초록빛에 빼곡하게 박힌 까만 씨….

탐나는 비주얼의 키위는 화장품 원료로 활용될 만큼

미용에 좋은 과일로 사랑받고 있습니다.

이제 국내에서도 재배되기 때문에 사시사철 새콤달콤한 키위를 만날 수 있어요.

깎아서 먹거나 떠먹는 키위는 잠시 잊어 주세요.

키위의 다양한 요리법을 경험할 수 있습니다.

*

Kiwi Fruit

ABOUT KIWI FRUIT

산지와 종류

키위는 중국이 원산지로 뉴질랜드에서 개량해 대량 재배가 이뤄졌다. 시중에서 판매되는 대부분의 키위는 뉴질랜드산이다. 최근에는 제주, 경남, 전남 등에서도 국산 키위인 참다래와 함께 골드 키위가 재배된다. 요즘은 가격이 저렴한 칠레산 키위도 쉽게 만날 수 있다.

그린 키위 과육이 녹색인 일반 품종으로 표면에 잔털이 많고 맛이 새콤하다.
골드 키위 모양은 타원형에 가깝고 과육은 노란색을 띤다. 그린 키위보다 부드럽고 단맛이 난다.

영양

키위 1개에는 성인의 하루 비타민 C 필요량의 1.6배가 함유되어 있다. 각종 단백질과 무기질, 식이섬유가 풍부해 다이어트를 할 때 걸리기 쉬운 변비나 영양 불균형을 해소하는 데 도움을 준다. 매일 2개 정도의 키위를 꾸준히 먹으면 혈액이 응고되는 것을 막고 심장 혈관 질환을 예방하는 효과가 있다. 또한 단백질 분해 효소인 액티나딘 성분이 풍부해 고기의 육질을 연하게 해 주는 한편 소화 흡수를 돕는다. 골드 키위는 빈혈을 없애는 엽산이 풍부해 임산부와 아이들이 챙겨 먹으면 좋다.

선택법 & 손질법

1. 윤기가 도는 갈색을 고른다

키위는 탄력이 있고 전체적으로 약간 부드러운 것이 맛있다. 표면에 상처가 없고, 껍질은 윤기가 도는 갈색이 나고 표면의 솜털이 고르게 살아 있는 것이 신선하다.

2. 상온에서 보관한다

전체적으로 약간 무른 것이 적당히 익은 것이지만 바로 먹지 않을 거라면 딱딱한 것을 골라 상온에서 2~3일 익혀 먹는다. 빨리 익히고 싶을 때는 사과와 함께 보관한다.

3. 껍질을 두껍게 깎는다

혹시 껍질에 농약이나 살충제가 남아 있을 수 있으므로 흐르는 물에 문질러 씻은 뒤 껍질을 두껍게 깎는다. 수저로 떠먹을 때는 껍질 주변까지 깊게 파먹지 않도록 주의한다.

4. 냉동한다

냉장고에서 2주 이상 보관할 수 있어 따로 갈무리할 필요는 없다. 너무 익은 키위는 껍질을 벗긴 뒤 비닐 팩에 담아 냉동했다가 갈아 먹거나 연육제로 사용한다.

먹는법

1. 궁합

쇠고기 + 키위 ⭕

키위에는 단백질 분해 효소인 액티나딘이 들어 있어 고기를 밑간할 때 키위를 갈아 넣으면 연육작용을 해 고기의 육질이 부드러워진다. 고기를 먹을 때 키위를 먹으면 소화에 도움이 된다.

키위주스 ⭕

매일 아침 식사 전에 키위를 1개씩 먹으면 변비 예방에 좋다. 키위를 갈아 주스로 마시면 식욕을 돋우는 효과가 있다.

2. 추천 메뉴

키위샐러드

큼직하게 썬 키위와 각종 채소, 견과류를 함께 곁들인 샐러드.

키위무스

키위즙을 생크림, 젤라틴 등과 섞어 차게 굳힌 부드러운 맛의 디저트.

키위 소스 곁들인 스테이크

닭가슴살구이나 쇠고기스테이크 위에 잘게 다진 키위와 파프리카, 레몬즙을 넣어 만든 소스를 얹은 요리.

키위셔벗

키위즙에 설탕과 시럽 등을 섞어 얼린 디저트로 골드 키위로 만들면 더 맛있다.

저장 메뉴 레슨

키위잼

kiwi jam

중간 중간에 씨가 톡톡 씹혀 먹는 즐거움이 있다. 빵에 발라 먹거나 요구르트 위에 토핑처럼 곁들이면 맛있다. 여름철에는 빙수 위에 얹어 먹어도 좋다.

재료
키위 1kg, 설탕 550g, 레몬즙 1작은술

이렇게 만드세요
1. 키위는 껍질을 벗기고 큼직하게 썬다.
2. 냄비에 키위와 설탕, 레몬즙을 넣고 센 불에 올려 끓어오르면 중약불로 줄인 뒤 거품을 걷어내고 주걱으로 저어가며 뭉근히 끓인다.
3. 잼이 반으로 줄고 걸쭉해지면 불을 끄고 식힌다.

완성하면 650g 정도가 된다. 생잼이므로 냉장 보관해서 2달간 먹을 수 있다. 골드 키위는 신맛이 부족하므로 레몬 분량을 1/4개 정도 더 넣는다. 설탕은 일반 키위로 만들 때보다 조금 줄여도 된다.

말린 키위

dried kiwi

키위는 신맛이 강해 많이 먹지 않게 되는데 키위를 슬라이스해서 말리면 단맛이 증가하고 젤리처럼 촉촉해 주전부리로 즐기기 좋다.

재료
키위 4개

이렇게 만드세요
1. 키위는 껍질을 벗긴 뒤 2㎜ 두께로 썰어 오븐망에 얹은 뒤 키친타월로 가볍게 물기를 제거한다.
2. 130℃로 예열한 오븐에 넣어 컨벡션 기능으로 1시간 30분 ~2시간 동안 굽는다.

건조기를 사용해도 좋지만 오븐에서 저온으로 가열하면 손쉽게 만들 수 있다.

*키위콜드파스타

2인분

샐러드처럼 가볍게 즐길 수 있는 저칼로리 콜드파스타입니다.
올리브와 치즈의 간간한 맛과 새콤한 키위가 어우러져 입 안이 개운합니다.
닭가슴살이나 호밀빵을 구워 함께 곁들이면 든든한 한 끼 식사가 되지요.
냉장 보관해 두었다 먹으면 더욱 맛있어요.

─ 재료

키위 3개, 블랙 올리브 5개
푸실리 100g, 미니 크림 치즈 · 올리브
오일 · 발사믹식초 2큰술씩
소금 · 후춧가루 · 파슬리 약간씩

푸실리는 부드러워질 때까지 삶아 바로 식혀야 시
간이 지나도 맛있는 식감이 유지돼요.

─ 이렇게 만드세요

1. 키위는 네모나게 썰고 블랙 올리브는 가로로 슬라
   이스한다.

2. 푸실리는 끓는 물에 8분간 삶은 뒤 찬물에 헹궈 체
   에 밭친다.

3. 볼에 ①과 ②를 담고 미니 크림 치즈, 올리브 오일,
   발사믹식초, 소금, 후춧가루를 넣고 섞은 뒤 접시에
   담고 파슬리를 뿌린다.

*키위샐러드초밥

2인분

일식 스타일의 샐러드초밥을 만들어봤어요.
새콤한 키위와 부드러운 게맛살이 어우러져 아이들도 잘 먹는답니다.
고추냉이를 넣어 많이 먹어도 질리지 않고 다이어트 음식으로도 제격이에요.

– 재료

키위 2개, 게맛살 2줄, 양파 1/4개
밥 1과 1/2공기, 구운 김 1장
마요네즈 2큰술, 고추냉이 1/2작은술
소금 약간

단촛물 _ 식초 1큰술, 설탕 2/3큰술
소금 1/2작은술

키위에서 물이 나오기 때문에 미리 만들면
싱거워지므로 먹기 직전에 바로 버무려 초
밥을 만든다.

– 이렇게 만드세요

1. 키위와 게맛살, 양파를 잘게 다진 뒤 마요네즈, 고추냉이, 소금을 넣고 섞는다.

2. 분량의 재료를 섞어 단촛물을 만든 뒤 밥이 따뜻할 때 넣고 칼로 자르듯이 주걱으로 섞어 한입 크기로 모양을 만든다.

3. 김을 2cm 두께로 잘라 밥 가장자리에 두른다.

4. ③의 초밥에 ①을 소복이 얹는다.

*키위닭가슴살스테이크

2인분

담백한 닭가슴살에 키위 소스를 얹어 입맛을 돋울 수 있는 보양 요리입니다.
시원한 소스를 끼얹으면 별미가 되어 누구나 좋아합니다.
키위 소스는 미리 만들어 차갑게 보관해 주세요.

- 재료

닭가슴살 2쪽, 화이트 와인 1/2큰술
소금 · 후춧가루 · 올리브 오일 약간씩

키위 소스 _ 키위 2개, 빨간 파프리카 ·
노란 파프리카 · 양파 1/4개씩
레몬즙 1/2작은술
소금 · 후춧가루 약간씩

구운 닭가슴살과 키위 소스를 빵에 넣고 샌드위치
를 만들어도 잘 어울린다.

- 이렇게 만드세요

1. 닭가슴살은 반으로 포를 뜬 뒤 화이트 와인, 소금, 후
   춧가루를 뿌려 밑간한다.

2. 키위와 파프리카, 양파는 잘게 다진 뒤 레몬즙, 소금,
   후춧가루를 넣고 가볍게 섞어 10분 이상 냉장고에 넣
   어 둔다.

3. 달군 팬에 올리브 오일을 두르고 닭가슴살을 노릇하
   게 굽는다.

4. 접시에 ③의 닭가슴살을 담고 키위 소스를 끼얹는다.

키위크림새우

2인분

바삭한 새우튀김과 새콤달콤한 소스의 맛이 일품이에요.
소스에 키위 과즙을 섞어 비린 맛과 느끼함을 없앴습니다.
새우튀김은 키위 소스를 그냥 찍어 먹어도 맛있지만
양상추를 섞어 푸짐하게 접시에 담으면 더욱 먹음직스러워요.

― 재료

키위 · 골드 키위 1개씩
새우(손질한 것) 20마리, 청주 1/2큰술
소금 · 후춧가루 약간씩, 장식용
무순 · 포도씨유 적당량씩

튀김 반죽 _ 달걀 1개, 감자녹말 7큰술
소금 약간

키위 소스 _ 키위 1/2개, 마요네즈 3큰
술, 설탕 1큰술, 레몬즙 2/3작은술

상큼한 키위 소스는 해산물은 물론 고기 요리
와도 잘 어울린다. 닭가슴살이나 오징어 튀김
에 곁들여도 좋다.

― 이렇게 만드세요

1. 새우는 청주, 소금, 후춧가루를 뿌려 밑간한다. 키
   위는 껍질을 벗겨 도톰하게 반달 모양으로 썬다.

2. 소스용 키위는 강판에 간 뒤 나머지 소스 재료와
   섞는다.

3. 볼에 달걀을 풀어 새우와 섞은 뒤 감자녹말과 소
   금을 넣고 버무린다.

4. 160℃의 포도씨유에 ③의 새우를 노릇하게 튀긴
   뒤 ②의 소스에 버무려 접시에 담고 무순을 얹
   는다.

*키위월남쌈

2인분

손님 초대 요리로 인기인 월남쌈을 색다르게 변형해 봤습니다.
달콤한 골드 키위와 불고기가 주재료인 저칼로리 메뉴입니다.
적채와 영양부추를 넣어 아삭거리는 식감을 살렸습니다.
땅콩 소스나 스위트 칠리 소스를 곁들이면 더욱 맛있어요.

- 재료

골드 키위 4개, 라이스페이퍼 10장
쇠고기(불고기용) 150g, 영양부추 30g
적채 1/8통, 포도씨유 약간

불고기 양념 _ 간장 1큰술, 다진 마늘 ·
설탕 1/2큰술씩, 청주 · 참기름 1작은술씩
통깨 · 후춧가루 약간씩

쇠고기는 잡채용을 사용해도 좋다. 새싹채소나 깻
잎 등 취향에 맞는 채소를 선택한다.

- 이렇게 만드세요

1. 골드 키위는 껍질을 벗기고 1cm 두께의 스틱 형태로
   썬다. 적채는 채 썰고 영양부추는 8cm 길이로 썬다.

2. 볼에 분량의 양념 재료를 섞은 뒤 쇠고기를 넣고 가
   볍게 버무려 밑간한다.

3. 달군 팬에 포도씨유를 두르고 밑간한 고기를 볶아
   한김 식힌다.

4. 따뜻한 물에 라이스페이퍼를 불려 도마 위에 펼치
   고 키위, 적채, 영양부추, 불고기를 얹어 돌돌 만 다
   음 반으로 썬다.

*키위콘샐러드

2인분

고소하고 부드러워 남녀노소 누구나 좋아하는 메뉴예요.
톡톡 씹히는 옥수수와 키위 씨가 허니 머스터드 소스와 잘 어울려요.
밥반찬으로도 좋고 빵 위에 얹어 먹어도 맛있답니다.

- 재료

키위 2~3개, 양파 1/4개
캔 옥수수 3큰술

허니 머스터드 소스 _ 마요네즈 1과
1/2큰술, 머스터드 1/2큰술, 꿀 1작은술
후춧가루 약간

캔 옥수수는 물기를 충분히 빼야 다른 재료와
섞었을 때 물이 생기지 않는다.

- 이렇게 만드세요

1. 캔 옥수수는 체에 밭쳐 물기를 뺀다. 키위와 양파는
   옥수수알 크기로 다진다.

2. 볼에 분량의 재료를 넣고 섞어 허니 머스터드 소스
   를 만든다.

3. ①과 ②를 버무린다.

*키위 소스 해파리냉채

2인분

해파리냉채를 생각하면 톡 쏘는 겨자 맛만 기억날 때가 많습니다.
겨자 양을 줄이고 키위를 넣어 새콤달콤하게 만들어 봤어요.
키위 과즙은 맛을 상큼하게 할 뿐 아니라 연육작용을 해 해파리가 질기지 않게 해 줍니다.
오이 대신 파프리카나 양파 등의 채소를 넣어도 좋아요.

- 재료

해파리 500g, 게맛살 2줄, 오이 1개
키위 소스 _ 키위 1개, 식초 2큰술
설탕 · 간장 1큰술씩, 연겨자 1/2큰술
다진 마늘 1작은술

해파리는 끓는 물에 넣고 데치면 질겨지므로 체에
받친 채 뜨거운 물을 부어 살짝 익힌다.

- 이렇게 만드세요

1. 해파리는 찬물에 바락바락 주물러 씻은 뒤 체에 받
   치고 끓는 물을 부어 살짝 데친다. 다시 찬물에 헹궈
   물기를 꼭 짜고 적당한 크기로 썬다.

2. 게맛살은 6cm 길이로 썰어 잘게 찢고, 오이는 맛살
   길이로 채 썬다.

3. 키위를 강판에 간 다음 나머지 재료와 섞어 소스를
   만든다.

4. 볼에 해파리, 게맛살, 오이를 넣고 키위 소스를 부어
   가볍게 버무린다.

[*]키위셔벗

2인분

만들기 쉬운 아이스크림 레시피를 소개할게요.
셔벗과 젤라토의 중간 정도 식감으로 풍부한 맛이 특징입니다.
진한 코코넛크림을 넣으면 더욱 부드러운 셔벗을 맛볼 수 있어요.

— 재료

키위 4개, 코코넛크림 1컵, 설탕 3큰술

코코넛크림이 없을 때는 생크림이나 휘핑크
림으로 대신해도 된다. 개운하게 먹고 싶을
때는 플레인 요구르트를 사용한다.

— 이렇게 만드세요

1. 키위를 강판에 갈아 코코넛크림, 설탕을 넣고 섞
   는다.

2. 냉동용 사각 틀에 ①을 부어 얼린다.

3. 중간 중간 냉동실에서 꺼내 포크나 스푼으로 긁는
   과정을 3~4차례 반복한 뒤 꽁꽁 얼린다. 스푼으로
   떠서 그릇에 담는다.

*키위무스케이크

10cm 컵 2개

키위를 갈아 간단하게 만들 수 있는 무스케이크입니다.
키위와 맛이 잘 어울리는 크림치즈를 넣으면 색다른 느낌을 줄 수 있어요.
제누아즈 대신 시판 카스텔라를 사용하면 간단하게 근사한 디저트를 완성할 수 있어요.

– 재료

키위 4개, 크림치즈 4큰술, 설탕 1큰술
카스텔라 적당량

냉장고에 두었다 먹으면 쓴맛이 날 수 있으므로 만
들어서 바로 먹는다. 골드 키위를 사용하면 더욱
달콤한 맛이 난다.

– 이렇게 만드세요

1. 키위는 껍질을 벗긴 뒤 2조각만 슬라이스 하고 나머
   지는 강판에 간다.

2. 카스텔라를 1㎝ 두께로 자른 뒤 플라스틱 컵으로 모
   양을 찍어 위에 ①의 과즙을 듬뿍 바른다.

3. 실온에 두어 부드러워진 크림치즈에 ①의 키위 간
   것 1큰술과 설탕을 섞는다.

4. 플라스틱 컵에 카스텔라를 깔고 나머지 키위와 ③의
   크림치즈를 번갈아가며 층층이 얹는다. 마지막에 슬
   라이스한 키위로 장식한다.

*키위푸딩

2인분

신맛을 좋아하지 않는 사람도 맛있게 먹을 수 있는 요구르트푸딩이에요.
아침 식사 대용으로 먹기 좋은 든든한 메뉴로 부드럽고 달콤한 맛이 특징이랍니다.

- 재료

골드 키위 2개, 판 젤라틴 4장(8g)
플레인 요구르트 1과 1/2개, 설탕 1큰술

설탕 대신 올리고당이나 꿀을 넣어도 된다. 하
지만 올리고당을 넣으면 농도가 묽어져 굳는
시간이 오래 걸리므로 설탕으로 단맛을 조절
하는 것이 좋다.

- 이렇게 만드세요

1. 골드 키위는 1/2개는 칼로 다지고 나머지는 강판에
간다. 판 젤라틴은 물에 불린 뒤 물기를 꼭 짜서 볼
에 담아 전자레인지에 5초간 녹인다.

2. 볼에 플레인 요구르트와 강판에 간 키위, 녹인 젤라
틴, 설탕을 넣고 설탕이 녹을 때까지 고루 섞는다.

3. 컵에 ②를 붓고 냉장고에 반나절 이상 굳힌 뒤 다진
키위로 장식한다.

Tomato

큼직하게 썰어 설탕을 솔솔 뿌려 먹던 토마토는 추억의 맛입니다.
토마토가 슈퍼 푸드로 주목받으면서 어떻게 먹어야
영양 섭취를 잘할 수 있는지에 대한 관심이 높아졌습니다.
최근에는 방울토마토, 대추토마토 등
다양한 토마토를 요리에 활용하기도 하지요.
건강 식탁의 필수 품목이 된 토마토, 어떻게 즐길까요?

✳

Tomato

ABOUT TOMATO

산지와 종류

토마토의 유리 온실 재배가 이루어지면서 지금은 1년 내내 토마토를 맛볼 수 있다. 대표적인 산지는 부산 대저, 당진, 퇴촌, 춘천 등으로 출하 시기는 조금씩 다르다.

완숙토마토 과육이 꽉 차 있는 가장 일반적인 토마토.

방울토마토 한입에 쏙 들어가는 크기로 일반 토마토보다 당도가 높다.

줄기토마토 포도처럼 송이째 수확된다. 과육이 두껍고 당도가 낮지만 리코펜 성분이 풍부하다.

노란토마토 노란 파프리카와 토마토를 교배시킨 품종.

대추토마토 방울토마토와 크기는 비슷하지만 타원형으로 컬러가 다양하다.

영양

토마토의 붉은 색소인 리코펜은 활성산소를 억제하는 성분으로 세포의 노화를 막는 한편 면역력이 약해져 생기는 질병을 예방한다. 또한 비타민 A와 C는 물론 비타민 P의 일종인 루틴이 풍부해 고혈압 등 성인병을 예방하는 효과가 있다.

선택법 & 손질법

1. 색이 고르고 묵직한 것을 선택한다

토마토는 전체적으로 색이 고르고 둥근 것이 좋다. 또한 껍질에 탄력과 광택이 있고 만졌을 때 묵직하고 단단한 것이 신선하다. 꼭지가 초록색을 띠고 마르지 않았으며, 꼭지 반대 부분의 꽃자리가 크고 붉게 물든 것이 당도가 높다.

2. 살짝 데쳐 먹는다

토마토는 껍질째 먹을 수 있는 채소이므로 물에 담갔다가 흐르는 물에 씻어 먹는다. 여름철에는 칼집을 낸 뒤 뜨거운 물을 붓거나 끓는 물에 10초간 데쳐서 껍질을 벗겨 먹으면 안전하다.

3. 겹치지 않게 냉장 보관한다

토마토는 빨갛게 익어가면서 신맛이 줄고 단맛이 증가한다. 빨갛게 익은 토마토는 서로 부딪히면 닿은 부분부터 무르므로 꼭지를 밑으로 놓고 겹치지 않게 냉장고 채소 칸에 보관한다. 푸른색이 남아 있는 것은 상온에서 익혀 먹는다.

먹는법

1. 궁합

설탕 + 토마토 ✘
토마토는 다른 과일에 비해 당도가 떨어지기 때문에 설탕을 뿌려 먹는 경우가 많지만 설탕이 토마토에 들어 있는 비타민 B의 당분 대사 작용을 방해해 비타민이 손실된다.

올리브 오일 + 토마토 ⬤
토마토에는 기능성 카로티노이드 영양소도 풍부해 익혀서 먹는 게 훨씬 좋다. 꼭지 반대편에 십자로 칼집을 넣은 뒤 끓는 물에 담갔다 건져 껍질을 벗기고 요리하면 된다. 토마토의 주요 성분인 리코펜은 지용성으로 기름을 첨가하면 체내 흡수율이 3~4배 높아진다.

양파 ⬤
토마토와 양파를 함께 먹으면 당질과 비타민, 각종 무기질을 섭취할 수 있어 피로회복에 도움을 준다. 특히 토마토에 풍부한 구연산과 양파의 황화알릴 성분이 배합되면 혈관을 튼튼하게 해 혈압을 조절하는 효능도 높아진다.

2. 추천 메뉴

카프레제샐러드
토마토와 생모차렐라치즈 위에 올리브 오일이나 발사믹 드레싱을 끼얹어 먹는 이탈리아식 샐러드.

토마토스튜
토마토, 감자, 파프리카 등을 썰어 쇠고기, 토마토페이스트와 함께 볶아 육수를 붓고 부드럽게 끓인 요리. 파스타나 빵을 곁들여 먹는다.

토마토파스타
토마토를 끓여 만든 소스에 볶은 파스타. 대표적인 파스타 메뉴다.

드라이토마토피자
말린 토마토를 허브, 올리브 오일에 잰 드라이 토마토를 피자 반죽 위에 토핑해서 구운 피자. 말린 토마토를 곱게 갈아 피자 반죽 위에 펴 바르기도 한다.

저장 메뉴 레슨

토마토
케첩

tomato ketchup

시판 케첩이나 홀토마토보다 풍미는 덜하지만 입맛에 맞게 맛을 조절할 수 있는 장점이 있다. 케첩을 만들 때는 빨갛게 익은 완숙토마토를 사용한다.

재료
토마토(큰 것) 2와 1/2개, 양파 1/4개, 월계수잎 1장, 식초 2와 1/2큰술, 물엿 1큰술, 소금 · 설탕 1작은술씩, 물 · 감자녹말 1/2작은술씩

이렇게 만드세요
1. 토마토는 십자로 칼집을 넣어 끓는 물에 데친 다음 껍질을 벗기고 가로로 2등분해 씨를 파낸다. 토마토와 양파를 큼직하게 썬다.
2. ①을 믹서에 곱게 갈아 냄비에 담는다.
3. ②에 월계수잎, 물엿, 소금, 설탕을 넣고 약한 불에서 끓인다.
4. 물과 감자녹말을 섞어 녹말물을 만든다. ③의 물이 반으로 졸아들면 식초를 넣고 한소끔 끓인 뒤 녹말물을 넣고 고루 섞어 걸쭉해지면 불을 끈다.

젤리처럼 생긴 토마토 씨는 글루타민산이 풍부해 요리할 때 넣으면 맛있지만 케첩을 만들 때는 농도가 묽어지므로 제거하고 사용한다.

말린
토마토
절임

dried tomato with oil

토마토는 말리면 단맛이 증가하고 풍미가 깊어진다. 방울토마토를 말린 뒤 오일에 절여 두면 요리할 때 요모조모 활용도가 높다. 오일에도 단맛이 배어 남김없이 쓸 수 있다.

재료
방울토마토 50개, 올리브 오일 적당량, 소금 1/2작은술, 오레가노 약간

이렇게 만드세요
1. 방울토마토는 꼭지를 떼고 도톰하게 썰어 오븐 식힘망에 얹은 뒤 소금을 뿌려 10분 이상 둔다.
2. 키친타월로 ①을 덮어 가볍게 물기를 흡수시킨다.
3. 130℃로 예열한 오븐에 ②의 토마토를 넣고 1시간 30분간 굽는다.
4. 유리병에 ③의 토마토와 소금, 오레가노를 넣고 섞은 뒤 토마토가 자작하게 잠길 정도로 올리브 오일을 붓는다.

말린 토마토절임은 샐러드나 피자 등의 토핑용으로 제격이다. 샌드위치에 넣어 먹어도 맛있다.

토마토오이샐러드[*]

2인분

고소한 참깨 소스로 만든 즉석 샐러드입니다.
샐러드로 먹어도 좋지만 감칠맛이 나 밥반찬으로도 잘 어울리지요.
통깨는 거칠게 갈아야 씹는 맛도 좋고 고소합니다.

- 재료

토마토 2개, 오이 1개

참깨 드레싱 _ 마요네즈 2와 1/2큰술, 통깨 1과 1/2큰술, 설탕 · 식초 1큰술씩
간장 1/2큰술

- 이렇게 만드세요

1. 토마토는 꼭지를 떼고 반달 모양으로 썬다. 오이는 소금으
　　로 표면을 문지르고 물에 헹군 뒤 필러로 슬라이스한다.

2. 믹서에 드레싱 재료를 모두 넣고 간다.

3. 그릇에 토마토와 오이를 담고 ②의 드레싱을 끼얹는다.

드레싱의 참깨 양을 약간 줄이고 땅콩버터를 넣으면 고소한 풍미가 더 진해진다.

토마토샌드위치*

2인분

말린 토마토로 만든 유럽 스타일 샌드위치예요.
올리브 스프레드와 말린 토마토는 맛이 잘 어우러집니다.
일반 식빵보다는 부드러운 치아바타나 소프트 바게트로 만들어야 더 맛있어요.

– 재료

소프트 바게트 1개, 샌드위치용 햄 · 겨자잎 4장씩
말린 토마토절임 4큰술(만드는 법은 P151 참고), 호두 · 파르메산 치즈가루 1큰술씩

올리브 스프레드 _ 블랙 올리브 3개, 버터 2큰술, 후춧가루 약간

– 이렇게 만드세요

1. 블랙 올리브를 잘게 다진 뒤 실온에 두어 부드러운 버터와
  후춧가루를 섞어 스프레드를 만든다.

2. 호두는 큼직하게 다져 말린 토마토절임과 섞는다. 겨자잎
  은 씻어 물기를 제거한다.

3. 바게트를 반으로 잘라 기름을 두르지 않은 팬에 안쪽 면만
  살짝 구운 뒤 ①을 펴 바른다.

4. ③에 겨자잎을 깔고 햄과 ②의 토마토를 얹는 다음 파르메
  산 치즈가루를 뿌리고 나머지 빵으로 덮는다.

슬라이스 햄 대신 고다 치즈나 카망베르 치즈를 넣어도 맛있다.

토마토 소스와 양파링[*]

2인분

흔히 곁들이는 케첩 대신 토마토로 색다른 소스를 만들었어요.
양파튀김의 맛을 업그레이드해 주는 매콤한 토마토 소스는
술안주는 물론 아이들 간식으로도 인기 만점이지요.
빵가루에 파르메산 치즈가루를 섞으면 더 고소합니다.

― 재료

양파 2개, 달걀 1개, 밀가루 4큰술, 빵가루 · 포도씨유 적당량
파슬리 약간

토마토 소스 _ 토마토 2와 1/2개, 양파 1/4개, 월계수잎 1장, 식초 2큰술
물엿 1/2큰술, 고춧가루 2와 1/2작은술, 카레가루 1과 1/2작은술
설탕 · 소금 1작은술씩, 다진 마늘 1/2작은술

― 이렇게 만드세요

1. 토마토는 십자로 칼집을 넣어 끓는 물에 데친 뒤 찬물에
   담가 껍질을 벗긴다. 가로로 2등분해 씨를 도려내고 양파,
   소금과 함께 믹서에 곱게 간다.

2. 냄비에 ①을 끓이다 나머지 소스 재료를 모두 넣고 중약 불
   에서 뭉근히 끓여 양이 반으로 줄면 불을 끈다.

3. 양파는 1cm 폭으로 슬라이스한 뒤 밀가루, 달걀물, 파슬리
   를 섞은 빵가루 순으로 튀김옷을 입힌다.

4. 160℃로 달군 포도씨유에 ③의 양파를 노릇하게 튀긴 뒤
   ②의 소스와 함께 낸다.

시간이 부족할 때는 시판 토마토케첩 1컵과 생수 2컵을 끓인 뒤 카레가루와 고춧가루, 다진 마늘
을 동량으로 넣고 소스를 만들어도 좋다. 밀가루는 어떤 종류를 사용해도 무방하다.

토마토포카치아[*]

2인분

부드러운 빵과 잘 익은 토마토가 어우러져 담백한 토마토포카치아는 시간과 품이
들어가지만 꼭 한 번 도전해볼 만한 건강 빵입니다.
올리브 오일과 발사믹식초를 섞어 빵을 찍어 먹어도 맛있고
샌드위치나 피자 빵으로 활용해도 좋습니다.

- 재료

방울토마토 8개, 강력분 500g, 따뜻한 물 280㎖, 올리브 오일 50㎖
드라이이스트 2와 1/2작은술, 바질가루 2작은술, 소금 1과 1/2작은술
설탕 1작은술, 덧밀가루 약간

- 이렇게 만드세요

1. 강력분을 체에 내려 큰 볼에 담고 구멍을 3개 파서 드
라이이스트, 소금, 설탕을 넣고 손으로 함께 섞는다.

2. ①에 바질가루와 따뜻한 물, 올리브 오일을 조금씩
넣고 치대면서 반죽한다.

3. 반죽이 매끈해지면 동그랗게 뭉쳐 볼에 담고 젖은 면
포나 랩을 씌워 상온에서 1시간 정도 발효시킨다.

4. ③이 2배 크기로 부풀어 오르면 둥글리면서 눌러 가
스를 뺀 다음 덧밀가루를 뿌리고 밀대로 민다. 1㎝ 두
께의 둥글넓적한 모양이 되면 군데군데를 손가락으
로 찌른다.

5. 손가락으로 찌른 부분에 반으로 자른 방울토마토를
얹고 살짝 누른 뒤 다시 젖은 면포를 씌워 30분간 2
차 발효시킨다.

6. ⑤를 오븐 팬에 담고 올리브 오일을 약간 뿌린 뒤
200℃로 예열한 오븐에 15~20분간 노릇해질 때까
지 굽는다.

비프 소스 토마토[*]

2인분

고기 위에 채소 소스를 올리는 대신 채소에 고기 소스를 올리면 어떨까요?
두툼하게 썰어서 구운 토마토 위에 다진 고기를 얹어 스테이크처럼 푸짐하게 만들었어요.
피자 치즈와 함께 빵 위에 얹어 구우면 핫 샌드위치가 완성된답니다.

- 재료

토마토(큰 것) 2개, 올리브 오일 2큰술
파르메산 치즈 · 어린잎 채소 · 소금 · 후춧가루 약간씩
비프 소스 _ 다진 쇠고기 50g, 양파 1/4개, 레드 와인 · 돈가스 소스 2큰술씩
파르메산 치즈가루 1큰술, 버터 1/2큰술, 다진 마늘 2작은술
오레가노 · 소금 · 후춧가루 약간씩

- 이렇게 만드세요

1. 토마토는 가로로 1㎝ 두께로 썰어 그릴에 구운 뒤 올리브
   오일, 소금, 후춧가루를 뿌린다.

2. 양파는 잘게 다진다. 달군 팬에 올리브 오일을 두른 뒤 파르
   메산 치즈가루와 버터를 제외한 소스 재료를 넣고 볶는다.

3. 양파가 투명해지면 파르메산 치즈가루, 버터를 넣고 고루
   섞은 뒤 불을 끈다.

4. 접시에 구운 토마토와 어린잎 채소를 담고 ③의 비프 소
   스를 끼얹은 다음 필러로 얇게 깎은 파르메산 치즈를 뿌
   린다.

토마토는 단단한 것을 사용해야 굽는 도중에 뭉개지지 않는다.

토마토채소구이*

2인분

고기에 곁들이 요리로 구운 토마토를 내 보세요.
채소의 단맛과 토마토의 짭짤한 맛이 잘 어우러져
고기 요리를 더욱 맛있게 먹을 수 있어요.
바게트 위에 얹어 내거나 부르게스타로 즐기거나
캠핑할 때 야외 요리로 제격입니다.

재료

토마토(작은 것) 2개, 새송이버섯 1/2개, 주키니호박 · 가지 1/4개씩, 올리브 오
일 2큰술, 다진 마늘 1작은술, 바질가루 1/3작은술, 소금 · 후춧가루 약간씩

이렇게 만드세요

1. 토마토와 새송이버섯, 주키니호박, 가지는 모양을 살려
   슬라이스한다.

2. 오븐 팬에 버섯과 채소를 가지런히 얹고 소금과 후춧가루
   를 뿌린다. 볼에 올리브 오일, 다진 마늘, 바질가루를 섞
   은 뒤 채소 위에 고루 끼얹는다. 200℃로 예열한 오븐에
   15~20분간 굽는다.

토르티아나 피자 도우에 올리면 채소구이피자를 즐길 수 있다.

토마토새우샐러드[*]

요즘 마트에 가면 컬러풀한 토마토를 쉽게 볼 수 있어요.
노랑, 주황, 빨강 등 여러 가지 색의 토마토를 활용해 샐러드를 만들어 봤어요.
신선한 토마토와 생바질 특유의 알싸한 향이 어우러져 개운한 맛이 납니다.
새우 대신 홍합이나 오징어를 넣어도 잘 어울려요.

재료

방울토마토 · 노란 대추토마토 · 초록 대추토마토 8개씩, 새우(손질한 것) 5마리
생바질잎 2장

드레싱 _ 올리브 오일 2큰술, 식초 1과 1/2큰술, 설탕 1/2큰술
다진 마늘 1작은술, 소금 · 후춧가루 약간씩

이렇게 만드세요

1. 토마토는 꼭지를 뗀 뒤 2등분하고 바질은 잘게 다진다.

2. 새우는 끓는 물에 살짝 데친 뒤 체에 건져 식힌다.

3. 큰 볼에 식초, 설탕, 소금을 넣고 잘 섞은 뒤 나머지 드레싱 재료를 넣고 고루 젓는다.

4. 볼에 토마토, 새우, 다진 바질, ③의 드레싱을 넣고 가볍게 섞는다.

생바질잎이 없으면 바질가루 1/3작은술을 넣어도 된다. 상큼한 샐러드 메뉴로 올리브나 치즈를 넣어도 잘 어울린다.

토마토 살사 소스와 나초*

2인분

주전부리로 좋은 나초는 소스에 따라 품격이 달라집니다.
즉석에서 만드는 프레시 살사 소스로 술안주를 업그레이드해 보세요.
시원한 토마토와 할라피뇨의 매콤한 맛이 일품입니다.
즉석 살사 소스는 감자튀김에 치즈와 함께 뿌려 먹는 등
여러 가지 술안주를 토핑할 때 활용하세요.

― 재료

토마토(큰 것) 1/2개, 양파 1/4개, 할라피뇨 10개, 핫 소스 2작은술
레몬즙 1/2작은술, 올리브 오일 1/4작은술, 소금 · 후춧가루 약간씩
나초칩 적당량

― 이렇게 만드세요

1. 토마토는 십자로 칼집을 넣어 끓는 물에 데친 뒤 찬물에
담가 껍질을 벗긴다. 가로로 2등분해 씨를 파낸 뒤 큼직
하게 다진다.

2. 양파와 할라피뇨도 토마토와 비슷한 크기로 다진다.

3. 볼에 모든 재료를 넣고 고루 섞은 뒤 나초칩과 함께 낸다.

토마토는 껍질을 벗기면 소스가 고루 배어들어 더욱 맛있다.

토마토아이스 *

2인분

토마토를 가장 쉽게 먹는 방법은 뭐니 뭐니 해도 갈아 마시는 것이지요.
토마토주스를 얼음 틀에 넣어 얼리면 여름 간식을 손쉽게 만들 수 있어요.
시원하면서도 달콤한 향이 나 아이들이 무척 좋아합니다.

━ 재료

토마토 2개, 올리고당 2큰술

━ 이렇게 만드세요

1. 토마토는 십자로 칼집을 넣고 끓는 물에 데쳐 껍질을 벗긴
뒤 씨를 빼고 믹서에 간다.

2. ①에 올리고당을 섞은 뒤 틀에 담아 얼린다.

일반 토마토 대신 방울토마토를 사용하면 얼렸을 때 맛이 더 진하다.

토마토와인절임[*]

2인분

무더운 여름날 먹으면 좋은 디저트입니다.
짭짤하면서도 달콤한 방울토마토와 계피 향이 풍부한
화이트 와인 시럽이 색다른 맛을 전해 주지요.
파스타나 고기 요리에 곁들이면 눈과 입이 모두 즐거워집니다.

― 재료

방울토마토(빨강 · 노랑 · 주황) 20개
시럽 _ 화이트 와인 1/2컵, 생수 1/4컵, 설탕 3큰술, 시나몬 스틱 1개

― 이렇게 만드세요

1. 방울토마토는 꼭지를 떼고 십자로 칼집을 넣어 끓는 물에
데친 뒤 찬물에 담가 껍질을 벗긴다.

2. 냄비에 분량의 시럽 재료를 넣고 설탕이 녹을 때까지 저
어가며 끓인다.

3. ②에 방울토마토를 넣고 가볍게 섞은 뒤 불을 끈다. 완전
히 식으면 냉장고에 넣는다.

디저트로 먹어도 좋지만 토스트나 오믈렛과 함께 곁들이면 브런치 메뉴로도 제격이다.

Grape

캠벨, 거봉, 머루포도….
모양도 크기도 빛깔도 다양한 포도는
초여름부터 가을까지 즐길 수 있습니다.
포도는 새콤달콤해 그냥 먹어도 맛있지만
베이킹이나 디저트에도 많이 사용됩니다.
특유의 달콤한 맛 때문에 요리에도 잘 어울리는 과일이지요.

*

Grape

ABOUT GRAPE

산지와 종류

우리나라의 포도 산지는 경상북도로 김천, 영천, 상주 등에서 다양한 품종이 수확된다. 최근에는 영동과 안성, 천안, 김포, 대부도 일대도 포도 산지로 꼽히고 있다. 국내에서 생산되는 포도는 캠벨, 청포도, 머루포도, 거봉이다. 수입산 포도는 델라웨어, 톰슨시들레스 종이 대표적이다.

캠벨 우리나라에서 가장 많이 재배되는 품종으로 원추형이고 맛이 새콤달콤하다.
청포도 국산 포도 중에서 가장 달다. 초여름에 출하되고 껍질이 부드러워 디저트 재료로 많이 쓰인다.
머루포도 떫떠름하면서도 맛이 진하다. 국산 와인 원료로 사용한다.
거봉 한 송이의 무게가 500g~1kg으로 초가을까지 먹을 수 있다. 씨가 없고 과즙이 많다.
델라웨어 알이 작고 씨가 없으며 달다. 디저트 장식용으로 많이 쓰인다.
톰슨시들레스 칠레산 포도로 당도가 높고 껍질이 얇으며 씨가 없다.

영양

포도는 구연산과 펙틴, 비타민이 풍부할 뿐 아니라 칼륨, 인, 철분 등 미네랄도 풍부한 알칼리성 과일이다. 주성분은 포도당, 과당 등 당질로 특유의 단맛이 난다. 포도의 떫은맛은 폴리페놀 때문인데 폴리페놀은 암이나 동맥경화 등의 예방에 효과적이다.

포도는 맛이 달고 시면서 비타민이 풍부해 갈증을 멎게 하고 피로를 풀어 주지만 너무 많이 먹으면 설사를 하기 쉬우므로 하루 한 송이 이상은 먹지 않는 것이 좋다.

선택법 & 손질법

1. 껍질이 뽀얀지 체크한다

포도는 당도가 높은 과일로 껍질의 하얀 가루는 당분이 빠져나와 굳은 것이다. 하얀 가루가 뽀얗게 앉은 포도는 달뿐 아니라 사람 손을 많이 타지 않은 것이다.

2. 송이 끝부분을 먹어 본다

줄기와 기까운 부분이 가장 달고 아래쪽으로 갈수록 신맛이 강하므로 송이 끝부분을 먹어 본다. 맛이 달면 전체가 맛있다. 줄기가 말랐거나 포도 알이 떨어지거나 껍질이 마른 것은 오래된 것이므로 피한다.

3. 흐르는 물에 씻는다

껍질에 농약이 남아 있을 수 있으므로 찬물에 5분 정도 담가 두었다 흐르는 물에 줄기를 중심으로 털어내듯 흔들어 씻는다.

4. 랩으로 싸 냉장 보관한다

포도는 수분이 증발하지 않도록 신문지나 랩으로 싸서 냉장 보관한다. 장기 보관할 때는 알맹이만 떼서 지퍼 백에 담아 냉동 보관한다.

먹는법

1. 궁합

포도 씨 + 껍질 ⭕

포도의 영양을 충분히 섭취하려면 씨와 껍질, 과육을 모두 먹는 것이 좋다. 씨까지 먹기가 부담스럽다면 주스나 술, 잼 등으로 만들어 먹는다.

포도 + 설탕 ⭕

딸기와 달리 포도는 설탕과 궁합이 잘 맞는다. 껍질을 벗긴 포도에 젤라틴과 설탕을 넣어 차갑게 굳히는 포도젤리는 피로회복을 돕는다. 피부에 생기를 더하는 젤라틴의 콜라겐이 더해져 미용 효과가 크다.

말린 포도 ⭕

포도를 말리면 칼슘과 철분이 증가해 건포도를 꾸준히 먹으면 빈혈 증세 개선에도 좋다.

2. 추천 메뉴

포도젤리

포도와 젤라틴은 상큼한 궁합으로 여름철 디저트로 제격이다.

청포도슬러시

청포도의 상쾌한 맛을 살린 음료. 단맛이 강해 설탕을 넣지 않아도 된다.

포도잼밀크

달콤한 포도잼이 들어간 우유로 흰 우유를 싫어하는 아이 간식으로 좋다.

포도잼쿠키

하트, 별 등 모양 틀로 반죽을 만들어 포도잼을 채운 쿠키로 아이들이 좋아한다.

포도주

wine

포도주는 식욕을 돋우고 소화가 잘되게 도와줘 식사에 곁들이면 좋다. 술을 담갔을 때는 햇빛이 들지 않는 서늘한 곳에 저장하고 3년 이상 숙성시키면 깊은 맛이 난다. 포도주를 담글 때 가장 주의할 점은 물기를 완벽하게 제거하는 것이다. 물기가 있으면 곰팡이가 생기기 쉽다.

재료
적포도 500g, 설탕 150g, 소주(과실주용) 1ℓ

이렇게 만드세요
1. 포도는 깨끗이 씻은 뒤 체에 밭쳐 물기를 제거한다.
2. 유리병에 설탕과 포도를 번갈아 켜켜이 담은 뒤 소주를 붓고 뚜껑을 느슨하게 덮는다.
3. 서늘한 곳에서 3개월간 보관했다가 포도 알맹이는 건져내고 3개월 더 숙성시킨다.

포도가 발효되면서 가스가 나오기 때문에 뚜껑은 느슨하게 닫아 두는 것이 좋다.

포도식초

grape vinegar

포도식초는 서양의 발사믹식초와 비슷한 맛이 난다. 요리에 활용하거나 물에 타서 마시면 여름철 갈증 해소에 효과적이다.

재료
포도 30알, 현미식초 3컵

이렇게 만드세요
1. 포도는 씻어 물기를 제거한 뒤 병에 담는다.
   따끈할 정도로만 데운 식초를 ①에 붓고 뚜껑을 덮은 뒤 그늘지고 서늘한 곳에서 2주일 이상 숙성시킨다.

진한 맛을 즐기고 싶을 때는 포도 알맹이를 통째로 갈아 식초를 붓고 숙성시킨다.

1

설탕 입힌 포도

covered sugar grape

파티 케이터링에 자주 쓰이는 설탕 입힌 포도. 만들기는 간단하지만 예쁘고 맛있어 선물하기에도 그만이다. 팬케이크를 굽거나 빵을 먹을 때 곁들여도 좋다.

재료
청포도 · 적포도 20알씩, 달걀흰자 1개분, 레몬즙 2큰술, 설탕 적당량

이렇게 만드세요
1. 포도는 씻은 뒤 체에 밭쳐 물기를 제거한다.
2. 달걀흰자와 레몬즙을 섞어 ①의 포도를 담갔다가 건진 뒤 설탕에 굴린다.
3. ②를 식힘망 위에 얹어 말린다.

달걀흰자를 많이 넣으면 비릿할 수 있으므로 주의한다.

*고르곤졸라포도피자

지름 20cm 1판

패밀리 레스토랑의 인기 메뉴인 고르곤졸라 치즈 피자를 응용했어요.
토르티아를 도우로 한 얇은 피자로, 포도가 달콤하게 씹혀 꿀을 곁들이지 않아도 맛있어요.
고르곤졸라 치즈의 진한 향을 싫어하는 사람도 부담 없이 먹을 수 있답니다.

– 재료

청포도 · 적포도(씨 없는 것) 5알씩
토르티아 2장, 모차렐라 치즈 1과 1/2컵
고르곤졸라 치즈 1큰술
올리브 오일 · 파슬리 약간씩

고르곤졸라 치즈를 너무 많이 얹으면 짠맛이 강하
므로 토르티아 1장에만 뿌린다. 다진 마늘을 약간
얹으면 풍미가 더욱 좋아진다.

– 이렇게 만드세요

1. 포도는 씻어 2등분한다.

2. 토르티아 위에 모차렐라 치즈를 수북하게 올린 뒤 다른 토르티아로 덮는다.

3. ② 위에 모차렐라 치즈와 고르곤졸라 치즈를 올린 다음 포도를 얹는다.

4. ③ 위에 올리브 오일과 파슬리를 뿌린 뒤 180℃로 예열한 오븐에 치즈가 녹을 때까지 7~8분간 굽는다.

*포도카나페

2인분

포도와 치즈는 궁합이 잘 맞는 짝꿍이지요.
짭조름한 치즈와 달콤한 포도의 맛이 잘 어우러져
와인 안주로 곁들이기에 더없이 좋아요.
5분이면 완성할 수 있는 스피드 메뉴입니다.

— 재료

청포도 · 적포도(씨 없는 것) 10알씩
크래커 10개
델라웨어 6알, 호두 5알
브리 치즈 1/2개, 어린잎 채소 약간

브리 치즈는 워낙 부드러우므로 냉장 보관했
다가 먹기 직전에 꺼내 썰어야 칼에 들러붙
지 않는다.

— 이렇게 만드세요

1. 포도는 씻어 껍질째 2등분하고 호두는 큼직하게 다진다. 브리 치즈는 한입 크기로 도톰하게 썬다.

2. 크래커 위에 브리 치즈를 얹고 포도와 델라웨어, 다진 호두를 올린 뒤 어린잎 채소로 장식한다.

*포도아보카도샐러드

2인분

과일샐러드는 달콤한 맛이 나 반찬처럼 느껴지지 않는데,
단맛이 없는 플레인 요구르트에 다진 마늘과 양파를 넣으면 맛있어요.
담백한 아보카도와 포도를 드레싱으로 버무려 감칠맛을 살렸어요.

– 재료

적포도(씨 없는 것) 30알
아보카도 1개, 파슬리 적당량

타치키 드레싱 _ 플레인 요구르트
3과 1/2큰술, 다진 양파 1/2큰술
레몬즙 · 올리브 오일 · 다진 마늘
1작은술씩, 소금 · 후춧가루 약간씩

아보카도는 썰면 금세 색이 변하므로 레몬즙을 살
짝 뿌려 갈변을 방지한다.

– 이렇게 만드세요

1. 포도는 씻어 2등분하고 아보카도는 씨를 제거하고
   깍둑 썬다.

2. 볼에 분량의 드레싱 재료를 넣고 고루 섞는다.

3. 볼에 포도와 아보카도를 담고 ②의 드레싱을 넣어 가
   볍게 버무린 뒤 파슬리를 뿌린다.

*베이컨포도볶음

2인분

고기 요리에 사이드 메뉴로 곁들이거나 애피타이저로 먹기 좋은 볶음 요리예요.
포도와 베이컨, 버섯은 서로 맛과 식감이 잘 어울리는 재료입니다.
수분이 나오지 않게 센 불에 재빨리 볶는 것이 포인트예요.

– 재료

거봉 10알, 어린 새송이버섯 10개
만가닥버섯 2개, 베이컨 2장
발사믹식초 2큰술
포도씨유 · 파슬리 · 소금 · 후춧가루
약간씩

포도씨유를 약간 넣으면 베이컨의 기름이 잘
빠져나오는데, 이 기름으로 버섯을 볶으면 짭
짤한 맛과 향이 속까지 배어 맛있다.

– 이렇게 만드세요

1. 거봉은 껍질째 2등분하고 만가닥버섯은 밑동을 자르고 먹기 좋게 찢는다.

2. 달군 팬에 포도씨유를 두르고 베이컨을 굽는다.

3. 베이컨이 노릇하게 익으면 만가닥버섯과 새송이버섯을 넣고 소금 · 후춧가루로 간한 뒤 센 불에 볶는다.

4. 버섯이 반쯤 익으면 거봉과 발사믹식초를 넣고 재빨리 볶아 발사믹식초가 거의 졸아들면 파슬리를 뿌리고 불을 끈다.

[*]포도치즈타르트

지름 16.5cm 1개

청포도의 화사한 컬러가 돋보이는 타르트입니다.
플레인 요구르트를 듬뿍 넣고 계핏가루를 뿌려 알싸한 향이 납니다.
냉장 보관해 차게 두었다가 먹으면 맛있어요.
쿠키를 활용한 간단 레시피로 코코아쿠키를 사용해도 좋아요.

— 재료

청포도 20알, 통밀쿠키 100g
버터(중탕한 것) 20g, 달걀흰자 30g(1개)

필링 _ 플레인 요구르트 80g
크림치즈 70g, 판 젤라틴 1장, 꿀 1큰술
계핏가루 약간

타르트 반죽을 냉장고에 넣어 차게 휴지시킨 뒤에
구워야 한결 더 바삭하다.

— 이렇게 만드세요

1. 비닐 백에 통밀쿠키를 넣고 밀대로 밀어 부순 뒤 볼
에 담고 중탕으로 녹인 버터와 달걀흰자를 넣고 고
루 섞는다.

2. ①을 타르트 틀에 고루 깐 뒤 포크로 찍어 구멍을 낸
다. 냉장고에 넣어 30분간 휴지시킨 뒤 180℃로 예열
한 오븐에 25분간 구워 틀에서 빼 식힌다.

3. 크림치즈는 실온에 두어 부드럽게 한 뒤 플레인 요
구르트, 꿀, 계핏가루와 섞는다. 물에 불린 판 젤라
틴을 손으로 꼭 짜 전자레인지에 5초간 가열한 뒤
함께 섞는다.

4. 타르트 틀에 ③을 부은 뒤 청포도를 얹어 장식하고
냉장고에서 3~4시간 굳힌다.

[*]포도젤리

지름 7cm 푸딩 틀 4개

포도알이 쏙쏙 들어간 젤리는 보기만 해도 사랑스러워요.
달지 않아 어른들도 좋아하지요.
차갑게 먹으면 더욱 맛있어 디저트 메뉴로 제격이에요.

– 재료

델라웨어 15알, 청포도 10알
시판 청포도주스(웰치스) 2컵
판 젤라틴 6장(12g)

굳힌 젤리 틀은 뜨거운 물에 잠시 담가 두면
쉽게 빠진다. 주스와 젤라틴 섞은 것을 그릇째
찬물에 담그면 재빨리 굳힐 수 있어 편하다.

– 이렇게 만드세요

1. 판 젤라틴은 물에 불린 뒤 손으로 물기를 꼭 짠다.

2. 냄비에 청포도주스를 데워 불린 젤라틴을 넣고 섞은 뒤 냄비를 얼음물에 올려 식힌다.

3. 푸딩 틀에 포도를 3~4개 담은 뒤 ②를 붓고 냉장고에 넣어 반나절 이상 굳힌다.

*포도설기떡

지름 16cm 1개

포도 과즙을 넣어 색이 고와진 떡케이크입니다.
방앗간에서 구입한 쌀가루는 마트에서 판매하는 것보다
수분이 많으므로 포도 과즙의 양을 줄이세요.
설기떡은 한김 식힌 뒤 먹어야 쫄깃해져 더 맛있어요.

- 재료

쌀가루 300g, 포도즙(캠벨) 12큰술
설탕 3큰술, 소금 1/2작은술
델라웨어 적당량

틀에 면포를 깔고 설탕을 뿌린 뒤 쌀가루를 담는
다. 틀에서 쉽게 떼어낼 수 있어 모양이 망가지
지 않는다.

- 이렇게 만드세요

1. 쌀가루에 포도즙, 설탕, 소금을 넣고 고루 섞는다.

2. ①의 가루를 체에 2~3번 내린다.

3. 물에 적셔 물기를 꼭 짠 면포를 떡 틀에 깔고 ②의
쌀가루를 고르게 담아 김이 오른 찜통에 넣고 30분
간 찐다.

4. 틀에서 빼내 식힌 다음 델라웨어를 얹어 장식한다.

*포도양파 소스

2인분

포도의 새콤한 맛과 볶은 양파의 단맛이 어우러진 소스로
마지막에 버터를 넣으면 포도 특유의 떫고 신맛이 부드럽게 중화됩니다.
포도와 양파가 달기 때문에 요리에는 드라이한 와인을 사용하는 것이 좋아요.
스테이크나 구운 고기에 곁들여도 좋고 빵에 발라 먹어도 맛있어요.

– 재료

포도(씨 없는 것) 15알, 양파 3개
치킨스톡 1개, 레드 와인 1과 1/2컵
버터 1과 1/2큰술
포도씨유 · 소금 · 후춧가루 약간씩

양파는 숨이 죽으면 약한 불에서 뭉근히 볶아
야 단맛이 잘 배어나온다.

– 이렇게 만드세요

1. 포도는 껍질째 2등분하고 양파는 얇게 채 썬다.

2. 달군 팬에 포도씨유를 두르고 센 불에서 양파를 볶다가 양파
   가 투명해지면 약한 불로 줄여 뭉근히 볶는다.

3. 양파가 노릇해지면 포도를 넣고 볶다가 레드 와인과 치킨스
   톡을 넣고 뭉근히 조린다.

4. 와인이 자작하게 졸아들면 소금과 후춧가루로 간하고 버터
   를 넣어 고루 섞은 뒤 불을 끈다.

194

*포도판나코타

높이 7cm 병 4개분

판나코타는 이탈리아식 푸딩이에요.
깔끔한 맛의 포도젤리와 달리 입 안에서 부드럽게 녹는 디저트를 만들어 봤어요.
청포도로 만들어도 맛있어 아이 간식으로 활용해도 좋습니다.

- 재료

거봉 75g(8알), 생크림 300㎖
설탕 25g, 판 젤라틴 5장(10g)
포도잼 약간

수분이 많은 포도즙이 들어가므로 생크림을
사용해야 맛이 부드럽다.

- 이렇게 만드세요

1. 판 젤라틴은 찬물에 불린 뒤 물기를 꼭 짜고 거봉은 껍질째 믹서에 갈아 즙을 만든다.

2. 냄비에 생크림과 설탕을 넣고 설탕이 녹을 때까지 주걱으로 저어가며 데운다.

3. ②에 ①의 젤라틴과 포도즙을 넣고 섞어 체에 한 번 거른다.

4. ③을 병에 담아 냉장고에서 3~4시간 굳힌 뒤 포도잼을 얹는다.

*포도절임

2인분

설탕에 재워 즙이 풍부해진 포도절임으로 디저트를 만들었어요.
화이트 와인과 섞어 칵테일처럼 즐겨도 좋아요.
민트잎으로 장식하면 청량감을 더할 수 있답니다.

- 재료

포도(적포도 또는 청포도) 30알
설탕 3큰술, 레몬 1/4개
얼음 · 화이트 와인 적당량씩

포도절임은 냉장 보관하면 일주일 정도 먹을 수
있다.

- 이렇게 만드세요

1. 포도는 깨끗이 씻어 껍질을 벗긴다.

2. ①의 포도는 설탕을 뿌려 실온에 반나절 이상 두었
   다가 냉장 보관한다. 중간 중간 설탕이 녹도록 저
   어 준다.

3. 유리컵에 슬라이스한 레몬과 포도, ②에서 나온 포
   도즙 1큰술을 넣는다. 잘게 부순 얼음을 담고 화이
   트 와인을 자작하게 붓는다.

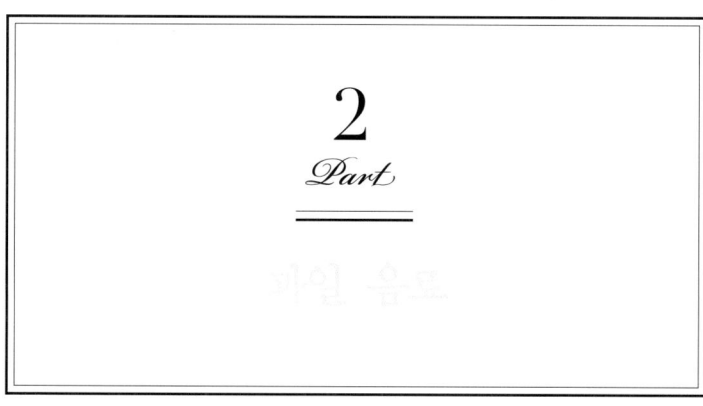

2 *Part*

과일 음료

신선한 제철 과일을 꾸준히 챙겨 먹으면 보조제 없이도 우리 몸에 필요한 영양을 보충할 수 있어요. 뿐만 아니라 몸의 면역력이 높아지고 피부도 건강해지지요. 과일을 쉽게 먹을 수 있는 방법 중 하나가 바로 음료입니다. 아침에는 나른함을 깨워 주고 늦은 오후에는 활력을 불어넣는 비타민 음료….
우리 몸에 활력을 주는 14가지 건강한 음료 레시피를 소개합니다.

* 과일 음료의 재료와 분량은 모두 2인분 기준입니다.

딸기 음료

딸기에 풍부한 비타민 C는 열과 공기에 약하기 때문에 조리하지 않고 생으로 먹는
것이 가장 좋다. 우유와 함께 갈아 마시면 딸기에 부족한 단백질과 칼슘이 보충되어
영양 밸런스를 맞출 수 있다. 딸기 음료를 만들 때 단맛을 추가하고 싶다면 비타민
C의 흡수를 돕는 꿀을 넣는 것이 좋다.

딸기에이드

새콤달콤한 딸기의 맛을 상큼하게 즐길 수 있는 음료. 잘 익은 딸기를 넣어야 탄산수와 딸기 향이 섞여 청량감을 준다.

재료
딸기 8개, 사이다(또는 탄산수) 200㎖, 얼음 적당량

이렇게 만드세요
1. 딸기는 믹서에 곱게 간다.
2. 컵에 ①을 담고 얼음을 채운 뒤 사이다를 붓는다.

- -

딸기연두부셰이크

딸기와 우유, 요구르트를 넣는 일반적인 주스를 업그레이드한 음료. 연두부의 부드러운 식감이 딸기와 잘 어울린다. 아이스크림 분량은 취향에 따라 조절한다.

재료
딸기 8개, 연두부 1/2모, 바닐라아이스크림 4스쿱, 얼음 · 올리고당 적당량씩

이렇게 만드세요
1. 딸기는 씻어 꼭지를 뗀다.
2. 믹서에 모든 재료를 넣고 곱게 간다. 딸기를 작게 잘라 장식용으로 올려도 좋다.

바나나 음료

바나나는 칼로리는 낮고 영양은 풍부해 아침 식사 대용으로 이상적이다. 잘 익은 바나나를 냉동해 두었다가 물, 플레인 요구르트와 함께 갈면 포만감은 물론 활력을 주어 다이어트에도 효과적이다.

바나나셰이크

바나나의 달콤한 맛에 메이플 시럽의 은은한 풍미를 더한 음료. 계핏가루를 넣으면 개성 있는 맛으로 거듭난다.

재료
바나나 2개, 우유 3컵, 메이플 시럽 1큰술, 레몬즙 1/2큰술
계핏가루 · 얼음 적당량씩

이렇게 만드세요
1. 바나나는 껍질을 벗기고 큼직하게 썬다.
2. 믹서에 바나나, 우유, 메이플 시럽, 레몬즙, 얼음을 넣고 곱게 간다.
3. ②를 컵에 담고 계핏가루를 뿌린다.

바나나검은깨스무디

바나나와 고소하고 담백한 검은깨를 함께 갈아 만든 건강 주스. 포만감을 주어 출출할 때 마시면 제격이다.

재료
바나나 2개, 우유 3컵, 검은깨 1과 1/2큰술, 꿀 1/2~1큰술, 얼음 적당량

이렇게 만드세요
1. 바나나는 껍질을 벗기고 큼직하게 썬다.
2. 믹서에 준비한 모든 재료를 넣고 곱게 간다.

사과 음료

사과는 식이섬유가 풍부하면서도 맛이 자극적이지 않아 쉽게 질리지 않는다. 아침 식사 대용으로 사과와 채소를 함께 갈아 마시면 피부 미용에도 좋다. 채소주스는 빈속에 마시면 위에 부담을 줄 수 있으므로 사과와 함께 먹는다. 사과 껍질에는 펙틴과 비타민이 풍부하므로 깨끗이 씻어 껍질째 사용한다.

사과차

말린 사과의 진한 향이 우러나는 차로 쌀쌀할 때 자주 마시면 감기를 예방할 수 있다. 사과껍질에는 펙틴이 풍부해 장을 튼튼하게 해 준다. 생강을 약간 넣어 같이 끓여도 맛있다.

재료
말린 사과 50g(만드는 법 P73 참고), 물 1ℓ, 꿀 약간

이렇게 만드세요
1. 냄비에 말린 사과와 물을 넣고 끓인다.
2. 팔팔 끓으면 불을 줄여 은근하게 끓인 뒤 건더기를 체에 밭쳐 걸러낸다. 남은 차에 꿀을 섞어 마신다.

사과당근주스

같은 컬러의 채소와 과일은 궁합이 잘 맞는다. 사과와 당근을 함께 먹으면 펙틴 성분의 효과가 높아져 장을 튼튼하게 해 준다. 하지만 당근에는 비타민 C를 파괴하는 효소가 있기 때문에 사과와 당근을 각각 갈아 섞어 마시는 것이 좋다.

재료
사과 1개, 당근 1/6개, 물 1/4컵, 레몬즙 약간

이렇게 만드세요
1. 사과와 당근은 껍질을 벗기고 작게 썬다.
2. 믹서에 사과와 당근을 각각 간 다음 나머지 재료와 함께 섞는다.

귤·오렌지 음료

오렌지와 귤은 과즙이 풍부해 음료로 즐기기에 제격이며, 비타민 C가 풍부해 꾸준히 먹으면 감기 예방은 물론 피부 미용에도 좋다. 시판 주스에 생과즙을 섞어서 진하게 마시거나 레몬, 망고 등 다른 재료와 배합해도 맛있다.

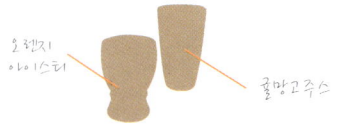

오렌지
아이스티

귤망고주스

오렌지아이스티

익히면 향이 잘 우러나는 오렌지를 활용한 홍차. 일반적으로 마시는 레몬아이
스티보다 달콤하고 향긋하다. 민트나 로즈메리 등 허브를 곁들여도 맛있다.

재료
오렌지 1/2개, 홍차 티백 3개, 뜨거운 물 1과 1/2컵, 얼음 적당량

이렇게 만드세요
1. 오렌지는 표면을 깨끗이 씻어 슬라이스한다.
2. 포트에 ①의 오렌지와 홍차 티백을 넣고 뜨거운 물을 부어 5분간 우린다.
3. ②의 홍차 티백을 건지고 얼음을 넣어 마신다. 취향에 따라 시럽을 넣는다.

귤망고주스

새콤한 귤과 열대 과일 특유의 달콤한 망고의 맛이 잘 어우러지는 주스.
걸쭉하면서도 부드러워 아이들도 좋아한다.

재료
귤 3개, 망고 1개, 얼음 적당량

이렇게 만드세요
1. 귤과 망고는 껍질을 벗긴 뒤 큼직하게 썬다.
2. 믹서에 귤, 망고, 얼음을 함께 넣고 간다.

키위 음료

키위는 열량은 낮고 비타민과 칼슘이 풍부한 대표적인 다이어트 과일. 입맛 없을 때 키위즙을 마시면 식욕을 돋워 준다. 키위 씨는 곱게 갈면 떫은맛이 나고 식감이 좋지 않으므로 믹서에 오래 갈지 않는 것이 좋다. 잘 익은 키위는 냉동 보관했다가 주스를 만든다.

키위칵테일

키위라씨

키위칵테일

키위의 상큼한 맛과 민트의 청량감이 살아나는 칵테일. 취향에 따라 보드카
와 사이다의 비율을 조절해서 마셔도 된다.

재료
키위 · 골드 키위 1/4개씩, 사이다 2컵, 보드카 1/4컵, 얼음 적당량, 애플민트 약간

이렇게 만드세요
1. 키위와 골드 키위는 껍질을 벗기고 도톰하게 슬라이스한다.
2. 슬라이스한 키위를 컵에 담고 보드카를 부은 뒤 사이다와 얼음을 적당량
   넣고 고루 젓는다.(키위를 살짝 으깨서 넣어도 맛있다) 애플민트로 장식
   한다.

키위라씨

플레인 요구르트를 넣어 키위의 신맛을 부드럽게 중화한 음료. 골드 키위는 나중
에 넣어 살짝 갈아주면 과육이 씹혀서 더 맛있다.

재료
키위 · 골드 키위 1개씩, 플레인 요구르트 4개, 설탕 1/2큰술, 얼음 적당량

이렇게 만드세요
1. 키위와 골드 키위는 껍질을 벗기고 큼직하게 썬다.
2. 믹서에 플레인 요구르트, 설탕, 얼음을 넣고 간다.
3. ②에 키위를 넣고 살짝 간다.

토마토 음료

식이섬유가 풍부해 다이어트 식품으로 알맞은 토마토는 생으로 먹는 것이 좋다. 다른 채소와도 궁합이 잘 맞기 때문에 딸기, 양파, 셀러리 등을 활용해 맛의 변화를 주는 것도 아이디어. 빨갛게 익은 토마토가 주스를 만들었을 때 달고 부드럽다.

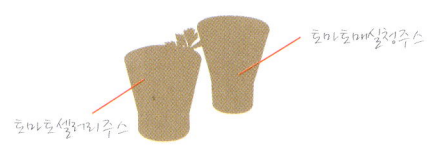

토마토셀러리주스

토마토매실청주스

토마토셀러리주스

방울토마토는 토마토보다 맛이 달고 진해서 음료로 만들면 탁한 느낌이 든다. 셀러리를 넣고 함께 갈면 텁텁하지 않을 뿐 아니라 식이섬유가 풍부해져 변비가 있을 때 마시면 좋다.

재료
방울토마토 20개, 셀러리 1대, 얼음 적당량, 소금 약간

이렇게 만드세요
1. 셀러리는 감자칼로 질긴 표면의 섬유질을 벗겨낸 뒤 큼직하게 썬다. 방울토마토는 씻어 꼭지를 떼어낸다.
2. 믹서에 셀러리, 방울토마토, 얼음을 함께 넣고 간 뒤 소금으로 간한다.

토마토매실청주스

일반적인 토마토주스에 매실청을 넣으면 맛이 한결 개운하다. 토마토와 설탕은 궁합이 맞지 않으므로 매실청으로 단맛을 더한다.

재료
토마토 2개, 매실청 3큰술, 얼음 적당량

이렇게 만드세요
1. 토마토는 꼭지를 떼고 십자로 칼집을 넣어 끓는 물에 데친다.
2. 토마토 속의 씨를 파내고 큼직하게 다져 얼음과 함께 믹서에 간 뒤 매실청을 넣고 섞는다.

포도 음료

포도는 아침에 마시면 혈당을 높여 포만감을 주며 뇌 활동에도 도움을 준다. 매일 아침 식사 대신 포도주스를 마셔도 좋다. 특히 포도 씨는 피부 미용에 좋으므로 주스로 마실 때는 씨까지 갈아서 먹도록 한다.

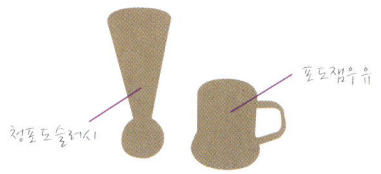

청포도슬러시

포도잼우유

청포도슬러시

청포도의 상쾌한 맛을 살린 음료. 청포도는 단맛이 강하기 때문에 시럽이나 설탕을 넣지 않아도 된다. 포도만 넣으면 믹서에 잘 갈리지 않으므로 물과 함께 갈아 만든다.

재료
청포도 30알, 물 1/3컵

이렇게 만드세요
1. 청포도는 흐르는 물에 씻어 껍질째 냉동실에 얼린다.
2. 믹서에 ①의 청포도와 물을 넣고 곱게 간다.

포도잼우유

흰 우유를 싫어하는 아이를 위한 음료로 포도잼을 넣어 달콤하다. 잼의 양은 취향에 따라 조절한다.

재료
우유 2컵, 포도잼 5큰술

이렇게 만드세요
1. 컵에 우유를 담는다.
2. ①의 컵에 포도잼을 넣고 잼이 고루 풀릴 때까지 젓는다.

3
Part

과일 예쁘게 담기

과일은 쟁반에 풍성하게 담아 온 가족이 둘러앉아 먹는 재미가 쏠쏠합니다. 하지만 '보기 좋은 떡이 먹기도 좋다'는 말처럼 정성 들여 깎은 과일을 보면 대접받는 기분이 들지요. 예쁘게 깎은 과일은 다과나 안주, 간식 등 활용 범위도 넓습니다.

STRAWBERRY STYLING

딸기는 크기와 써는 방법에 따라 담음새가 확연하게 달라진다.

작은 것은 꼭지만 떼고 접시에 세워서 담는다. 큰 것은 한입에 먹기 까다로우므로 잘라서 담는 것이 좋다.

하트딸기

단면을 살려 예쁘게 썰어보자. 하얀 속살을 드러내 신선함이 돋보인다. 동그랗게 모아 담고 애플민트로 장식하면 예쁘다.

1. 딸기를 씻어 꼭지를 떼고 세로로 반 자른다.
2. 꼭지를 기준으로 V자로 칼집을 넣어 하트 모양을 만든다.

딸기꼬치

한입에 먹기 부담스러운 딸기는 꼬치에 꽂아 핑거 푸드처럼 연출해보자. 넓적한 모양을 살려 가로로 자르면 먹기 좋다. 그릇에 담아 초콜릿 시럽을 뿌리면 더욱 색다르다.

1. 딸기는 씻어서 꼭지를 떼고 가로로 슬라이스한다. 자른 딸기를 2개씩 꼬치에 꽂는다.

딸기칵테일

딸기는 쉽게 무르고 상해 오래 보관하기 힘들다. 살짝 무른 딸기는 깍둑 썰어 컵에 담아 떠먹을 수 있게 준비한다. 설탕에 절여 와인이나 브랜디를 부어 칵테일로 즐겨도 좋다.

1. 딸기는 씻어 꼭지를 떼고 4등분한다.
2. 먹기 좋게 깍둑 썰어 컵에 담는다.

BANANA STYLING

바나나는 손으로 껍질만 벗기면 되는 먹기 쉬운 과일이지만 다과상에 낼 때는 난감하다. 이때 껍질을 그릇처럼 활용하거나 작게 썰어 길쭉한 접시에 담아 보자.
바나나는 껍질을 벗기는 순간 바로 갈변되므로 레몬즙을 살짝 바른다.

바나나보트

바나나의 모양을 잘 살릴 수 있는 그릇 선택이 중요하다. 패턴이 없는 둥근 접시나 나무 채반 위에 유산지를 깔고 한두 개 올려도 좋다. 포크로 찍어 먹을 수 있어 먹기 편하다.

1. 바나나의 밑동을 1cm 정도 자른다.
2. ①을 돌려 가로로 길게 양쪽으로 칼집을 넣은 뒤 껍질을 돌돌 말아 이쑤시개로 꽂는다.
3. 과육은 지그재그로 자른다.

바나나트리

모양이 많이 휘지 않고 길게 뻗은 바나나를 자르기 좋은 방법. 심플한 직사각형 접시에 1인분씩 조르르 담는다. 여러 가지 과일을 담을 때 함께 세팅하기 좋은 방법.

1. 바나나를 2등분한다.
2. 2등분한 바나나를 사다리꼴로 자른 다음 다시 길이로 2등분한다.
3. 자른 바나나를 서로 방향이 다르게 겹쳐 그릇에 담는다.

바나나아이스크림

속이 부드러운 바나나는 스쿱이나 계량스푼으로 뜨면 모양이 아이스크림 같다. 살짝 얼려 먹거나 초콜릿이나 캐러멜 소스를 곁들여도 좋다.

1. 바나나의 껍질을 벗긴 뒤 동그란 스푼으로 뜬다.
2. ①의 바나나에 레몬즙을 뿌린다.

APPLE STYLING

사과 껍질은 컬러가 예쁘고 영양소가 풍부해 껍질을 살려서 깎는 것이 좋다.
과육이 단단한 편이라 칼집을 넣어 모양을 내기 편하다. 사과 역시 깎아 놓으면 갈변되므로 식촛물에 살짝 담갔다 건지거나 표면에 레몬즙을 뿌린다.

사과토끼

다과상에 낼 때 일반적으로 활용하는 방법으로 적은 양을 담을 때 적당하다. 칼집을 넣어 모양을 내야 하므로 잘 드는 과도를 이용한다.

1. 사과를 씻어 크기에 따라 6~8등분한 다음 안쪽의 씨를 도려낸다.
2. 껍질 부분에 V 자로 칼집을 넣고 나머지 껍질을 벗긴다.

바람개비

사과를 4등분해서 깎으면 접시에 담기가 까다롭다. 사과가 큰 경우 밑동을 평평하게 해서 둥근 접시에 돌려 담으면 풍성해 보이고 담음새도 정갈하다. 과육만 담을 때는 컬러풀한 그릇을 사용하는 것이 좋다.

1. 사과를 8등분해 껍질을 벗기고 단면을 돌려 씨 부분은 직각으로 자른다.
2. ①의 사과에 대각선으로 칼집을 넣어 자른 뒤 접시에 한 방향으로 돌려 담는다.

나뭇잎사과

껍질의 색이 예뻐야 담음새가 살아나므로 빨간색이 강한 홍옥을 사용하면 좋다. 사과를 깨끗이 씻은 뒤 마른 면포로 표면을 닦아 윤기를 낸 다음에 썰면 빨간색이 도드라져 보인다.

1. 사과를 세로로 4등분한 뒤 씨 부분을 일자로 자른다.
2. 일정한 간격으로 V자로 2~3번 칼집을 넣는다.
3. 아래쪽을 잡고 위로 차례로 밀어 올려 모양을 만든다.

MANDARIN ORANGE STYLING

오렌지는 손으로 껍질을 까기 힘든
과일이므로 썰어서 내는 것이 좋다.
오렌지는 무르지 않은 것을 골라야
썰기 편하다.
폭이 넓은 칼로 오렌지를 썰면 과육이
너무 많이 잘려나가므로 폭이 좁고 긴
과도를 사용한다.

오렌지화채

오렌지 껍질을 그릇으로 활용하는 방법. 작은
그릇에 1개씩 담아도 예쁘고 큰 접시에 3~4개
를 풍성하게 담아도 보기 좋다.

1. 양쪽 꼭지를 자른 뒤 가로로 2등분한다.
2. 과육 라인을 따라 앞뒤로 칼집을 낸다.
3. 껍질과 알맹이를 분리한다.
4. 껍질 안쪽에 ①의 꼭지를 깐 뒤 과육을 4등분
　　해서 오렌지 속에 넣는다.

초생달

질긴 속껍질을 벗겨내면 색과 모양이 예뻐 손님상에 내기 제격이다. 초생달처럼 썬 오렌지는 일렬로 세워 도자기 그릇에 담으면 잘 어울린다. 껍질째 반달 모양으로 썬 오렌지와 함께 담아도 예쁘다.

1. 오렌지의 위아래 꼭지를 잘라낸다.
2. ①의 오렌지는 표면의 껍질을 벗긴다.
3. 속껍질 사이로 칼집을 넣어 과육만 자른다.

굴꽃받침

귤은 오순도순 앉아 까먹는 재미가 쏠쏠한 과일이지만 손님상에 수북히 쌓아 내긴 곤란할 때가 많다. 이럴 때는 상단만 꽃모양으로 껍질을 까서 담으면 좋다.

1. 굴껍질에 6등분으로 칼집을 낸 뒤 껍질을 벗긴다.
2. 껍질을 말아 꽃받침이 되도록 바깥쪽으로 살짝 만다.

KIWI FRUIT STYLING

키위는 자르는 방법에 따라 다양한 단면을
볼 수 있는 과일.
잘 익은 키위는 날이 무디지 않은 과도를
사용해야 깨끗하게 잘린다.
숙성 정도에 따라 과육의 무르기가 다르므
로 익은 정도에 따라 깎는 방법을 달리하
는 것이 좋다.

키위꼬치

잘 익은 키위는 포크로 찍으면 잘 떨어진다. 껍
질을 돌돌 말아 꼬치에 꽂으면 모양이 예쁘고
먹기도 편하다. 껍질을 두껍게 깎으면 접을 때
끊기므로 되도록 얇게 깎는다.

1. 키위를 껍질째 슬라이스한다.
2. ①의 키위는 2㎝를 제외한 나머지 부분의 껍
   질을 깎는다.
3. 깎은 껍질을 돌돌 접은 뒤 꼬치에 꽂는다.

반달키위

초록색 과육과 촘촘히 박힌 검은씨가 잘 살아
나도록 모양을 고스란히 살린 스타일링 방법.
반달 모양으로 썬 키위는 나뭇잎 모양 등 프레
임이 화려한 접시에 담으면 잘 어울린다.

1. 키위의 양쪽 꼭지를 칼로 도려낸다.
2. 껍질을 벗긴 뒤 세로로 2등분한다.
3. 절반으로 자른 키위를 다시 4등분한다.

컷 앤 스쿱

뉴질랜드 사람들이 키위를 즐기는 방법. 과육
이 부드러운 골드 키위는 숟가락으로 떠먹어도
좋다. 두껍지 않은 숟가락을 이용해야 과육이
잘 떠진다. 종지와 같은 작은 그릇에 하나씩 담
아 1인용으로 세팅하기 좋다.

1. 키위를 깨끗이 씻어 양쪽 꼭지 부분을 자른
   다. 키위를 가로로 2등분한 뒤 꼭지가 아래
   로 가도록 접시에 담는다.

TOMATO
STYLING

토마토는 예쁘게 자르기 힘든 과일이다. 너무 빨갛게 익은 토마토는 씨 부분이 커 썰었을 때 모양이 망가지기 쉽다. 약간 단단한 것이 썰기 적당한 상태로 잘랐을 때 모양이 예쁘고 식감도 좋다.

부채토마토

가장 기본적인 토마토 썰기. 보통 4등분해서 담는데, 조금 더 얇게 썰면 예쁘게 담을 수 있다. 둥근 접시에 한 방향으로 돌려 담거나 넓은 접시에 3~4개씩 방향을 달리해 담아도 멋스럽다.

1. 토마토는 씻어 칼로 꼭지를 도려낸 뒤 세로로 2등분한다.
2. ①의 토마토를 4~5등분해 접시에 담는다.

컵토마토

방울토마토를 먹기 좋게 잘라 컵에 담으면 토마토의 단면이 보여 식욕을 돋운다. 플레인 요구르트를 얹어 먹으면 훌륭한 디저트가 된다.

1. 방울토마토를 씻어 4등분한 뒤 유리컵에 담는다.

토마토회오리

토마토를 얇게 저며 일식 전문점 스타일로 연출한다. 화이트 접시에 단아하게 담아도 좋지만 토기 그릇에 올리면 개성 있게 연출할 수 있다.

1. 토마토의 꼭지를 떼고 세로로 얇게 저민다. 저민 토마토를 3~4개씩 모아 그릇에 담는다.

GRAPE STYLING

포도는 씻다 보면 알갱이가 떨어져 볼품이 없을 때가 많다.
이럴 때는 얼려서 유리 볼에 담아 화채처럼 먹어도 좋고 꼬치에 꿰도 좋다.
껍질째 먹을 수 있도록 잘 씻는 것도 중요하다.

포도볼

알맹이가 촘촘하게 붙어 있고 줄기가 억센 국산 포도와 달리 수입 포도는 알맹이가 성글고 줄기가 얇아 모양이 예쁘지 않다. 한 사람이 먹을 만큼 줄기째 가위로 잘라 유리 볼에 담으면 보기 좋고 먹기도 편하다.

1. 청포도와 적포도를 씻어 적당한 크기로 줄기를 자른다.
2. 유리 볼이나 빙수컵에 포도를 얹는다. 작은 델라웨어를 올려도 예쁘다.

1

포도꼬치

포도꽃

여름철에는 여러 가지 컬러와 종류의 포도를 맛볼 수 있다. 색과 크기가 각각 다른 한두 가지 이상의 포도가 집에 있을 때는 절반으로 잘라 꼬치에 꿰어 보자. 하나씩 쏙쏙 빼먹는 즐거움이 있다. 유리컵에 꽂아 두어도 멋스럽다.

1. 포도는 씻어 알맹이를 떼어낸 뒤 반으로 썬다.
2. 꼬치에 포도를 꽂는다.

손님용 디저트로 추천하고 싶은 스타일링. 칼집을 넣어 윗부분의 껍질만 벗기는 방법으로 알이 큰 거봉이 어울린다. 과도의 끝을 이용해 얇게 칼집을 넣어야 껍질이 찢어지지 않고 과육도 미지근해지지 않는다.

1. 포도에 칼끝으로 십자를 낸다.
2. 칼로 껍질을 조심스럽게 꺾어 꽃모양을 만든다.

더 알고 싶은
과일 이야기

요즘은 제철이라는 말이 무색할 만큼 사계절 내내 다양한 과일을 만날 수 있다. 특히 망고스틴, 람부탄, 망고 등 수입 과일을 어렵지 않게 구입할 수 있을 뿐 아니라 수박, 토마토 등 익숙한 제품들도 여러 가지 품종을 선보여 선택의 폭이 넓다. 늘 접하는 과일에 대해 몰랐던 상식, 그리고 알고 싶은 이야기들.

참외 oriental melon

참외는 토종 과일로 4~5월에 가장 맛있다. 여름철에도 출하되지만 장마철에는 쉽게 무르고 한여름에는 아삭한 식감이 덜하다. 참외는 아삭아삭하면서 단맛이 강해 보통 식후 디저트로 많이 먹는다.

국내 참외의 70% 이상이 경북 성주에서 재배되며, 가장 많이 재배되는 품종은 육질이 아삭거리고 당도가 높은 금싸라기참외다. 배꼽이 툭 튀어나온 배꼽참외, 유난히 모양이 둥그런 수박참외, 알록달록한 개구리참외 등도 있지만 생산량은 많지 않다.

참외는 알칼리성으로 체질이 산성으로 변하기 쉬운 여름철에 먹으면 좋다. 땀을 많이 흘렸을 때 먹으면 갈증 해소는 물론 피로회복에 도움을 주며, 장운동을 원활하게 해 변비가 있는 사람에게 효과적이다. 무엇보다 껍질과 씨에 엽산이 풍부해 임산부는 꼭 챙겨 먹는 게 좋다.

선택법 진황색에 모양이 매끈하고 윤기가 나는 것이 싱싱하다. 참외의 하얀 골이 거북이 등처럼 파인 것이 당도가 높고 맛있다. 참외 표면의 색깔이 흴수록 단맛이 덜하다.

먹는법 껍질과 씨에 영양이 풍부하므로 깨끗이 씻어 통째 먹는 게 가장 좋다. 씨에 엽산이 풍부하므로 통째로 갈아 마신다.

추천 메뉴 참외오이피클, 참외고추장장아찌, 참외주스, 참외컵볶음밥, 폰즈 소스 참외무침.

복숭아 peach

대표적인 여름 과일로 7월 말부터 8월 말까지가 제철이다. 과즙이 풍부하고 새콤달콤해 생으로 많이 먹으며 화채나 케이크 등에도 활용도가 높다. 장호원, 음성, 경산 등에서 재배되는데 지역 브랜드 파워가 높은 과일 중 하나다.

한국에서 재배되는 복숭아 중 가장 인기 있는 품종은 백도로 껍질은 선홍빛이고 과육은 흰색이며 과즙이 많고 달다. 황도의 껍질은 노란색과 빨간색의 중간색을 띠며 딱딱하고 시큼한 맛이 나는데 껍질째 먹어도 된다. 천도복숭아는 털이 있는 복숭아에 비해 크기가 작고 당도가 낮지만 신맛이 풍부하다.

복숭아는 알칼리 식품으로 사과산과 구연산이 풍부해 피로회복에 큰 도움을 준다. 또한 위 기능을 원활히 해주고 해독 기능이 뛰어나 피부 미용에도 효과적이다. 복숭아에 함유된 펙틴 성분은 장운동을 원활하게 해 변비를 예방한다.

선택법 상처가 나지 않고 달콤한 향이 나는 것을 고른다. 백도는 솜털이 살아 있는 것이 신선하다.

먹는법 복숭아를 갈아 레몬즙을 넣고 얼린 셔벗은 여름철 건강 간식으로 으뜸이다. 복숭아에 함유된 펙틴은 열을 가해도 파괴되지 않으므로 복숭아잼을 만들거나 돼지고기와 복숭아를 함께 구워도 색다른 맛이 난다.

추천 메뉴 복숭아조림, 복숭아냉채, 천도복숭아타르트, 구운 복숭아를 곁들인 돼지안심 스테이크.

수박 watermelon

여름철 대표 과일로 최근에는 시설 재배가 이루어져 3월부터 고당도 수박을 맛볼 수 있다. 가장 일찍 수박이 출하되는 함안이 대표 산지로 고창, 논산, 부여 등에서도 많이 난다. 요즘은 줄무늬가 없고 겉껍질이 짙은 녹색을 띠는 흑미수박이 인기다. 표면은 노랗고 속은 빨간 겉노랑수박, 일반 수박과 색은 같지만 타원형에 속이 노랗고 과육이 연한 안노랑수박 등이 있다.

수박은 과육의 대부분이 수분이기 때문에 갈증 해소에 좋다. 비타민과 칼륨, 포도당이 풍부해 피로를 풀어 주고 이뇨 작용을 돕는다. 고혈압이나 출산 전후에 생기는 부종을 가라앉히는 데 효과적이며 수박 껍질에 풍부한 비타민 B는 피부를 맑게 하는 효과가 있다.

선택법 표면의 세로줄이 선명하고 호피무늬 세로줄이 툭툭 튀어 올라온 것이 잘 익은 것. 꼭지가 마르지 않고 솜털이 보송보송한 것이 신선하다.

먹는법 제철 수박의 단맛과 시원함을 고스란히 느끼고 싶다면 너무 차게 먹지 않아야 한다. 씨를 빼고 수박을 갈아 주스로 즐겨도 좋고 복숭아나 멜론 등과 함께 화채를 만들어도 별미. 흔히 빨간 과육만 먹지만 흰 부분도 아삭아삭할 뿐만 아니라 영양이 풍부하다. 흰 부분은 해파리냉채 등에 오이 대용으로 활용할 수 있다.

추천 메뉴 수박화채, 수박셔벗, 수박해파리냉채, 수박껍데기피클, 수박껍데기무침.

멜론 melon

과육이 부드럽고 과즙이 풍부해 생과일로 많이 먹는다. 대표적인 수입 과일이었지만 곡성, 나주, 양구, 남원 등에서 연중 재배가 가능해 이제는 해외로 수출을 하고 있다. 일교차가 클수록 당도가 높아 4~9월에 가장 맛있다. 표면이 그물처럼 생긴 머스크멜론이 많이 재배되고 당도도 높다. 참외와 유럽 멜론을 교배한 프린스멜론은 표면이 녹색을 띠는 흰색으로 단맛은 강하지 않지만 아삭거린다. 표면이 노란색을 띠는 노란멜론은 머스크멜론에 비해 향이 부드럽고 살이 많다.

멜론은 포도당, 과당 등 당질이 풍부하고 비타민과 칼륨도 다량 함유되어 있어 피로회복에 효과적이다. 특히 혈액이 응고되는 것을 방지해 심장 질환 예방에 도움이 된다. 아침에 먹으면 몸에 활력을 불어넣는다.

선택법 들었을 때 무게감이 있고 색이 균일한 것이 신선하다. 멜론은 익을수록 네트 안 그물무늬 사이의 색이 점점 흐려지므로 표면의 그물무늬가 선명하고 촘촘한지 확인한다. 배꼽 부분이 부드럽고 달콤한 향이 나는 것이 잘 익었다.

먹는법 과육이 달고 부드러워 주로 디저트에 많이 활용한다. 잘 익은 멜론은 햄이나 고르곤졸라 치즈와 함께 샐러드를 만들어 먹어도 좋다.

추천 메뉴 멜론냉수프, 멜론초밥, 멜론생햄말이, 코코넛크림 끼얹은 멜론카스텔라.

블루베리 blueberry

블루베리는 수입산 냉동 제품을 소스나 잼으로 가공해 요구르트, 아이스크림 등에 얹어 먹는 경우가 많았다. 그러나 최근 국내에서도 블루베리 생산이 활발해지면서 6월~8월 말까지 상주, 화천, 청송 등지에서 재배된 신선한 블루베리를 맛볼 수 있게 되었다. 블루베리의 청보라색 색소에 들어 있는 안토시아닌, 폴리페놀이 눈의 피로를 풀어 시력을 보호해 주며 비타민 A와 E가 풍부해 피부 미용에도 좋다. 열과 수분에 약해 쉽게 무르기 때문에 냉장 보관은 필수.

선택법 청보라색이 선명하고 과육이 단단하며 표면에 하얀 가루가 묻어 있는 것이 신선하다. 붉은빛이 도는 것은 덜 익었고 주름이 있는 것은 오래된 것이다.

먹는법 그냥 먹어도 좋지만 플레인 요구르트나 우유 등과 함께 갈아 마시거나 아이스크림을 만들어도 맛있다. 잼을 만들거나 냉동해 두었다가 케이크나 쿠키를 구울 때 활용해도 좋다.

추천 메뉴 블루베리머핀, 블루베리 소스 샐러드, 블루베리와인, 블루베리앙금 넣은 찹쌀떡, 블루베리파이.

레몬 lemon

각종 요리에 상큼함을 불어넣는 레몬은 귤이나 오렌지와 같은 감귤과지만 생과일보다는 향신료로 많이 사용한다. 대부분 수입산이라 1년 내내 먹을 수 있는데 1~2월에는 제주에서 생산되는 신선한 레몬을 맛볼 수 있다. 레몬 1개당 100㎎의 비타민 C가 함유되어 있으며 감귤류 중에서 비타민 C가 가장 풍부하다. 구연산이 풍부해 피부의 잡티를 없애고 피로를 푸는 데 도움을 준다.

선택법 껍질이 윤이 나며 향이 은은하고 무게감이 있는 것이 과즙이 풍부하다.

먹는법 제철 레몬은 설탕에 절여 차로 마시면 피로회복에 좋다. 요리에 향과 맛을 불어넣으므로 즙을 짜 아이스 큐브에 1큰술씩 넣어 냉동했다가 꺼내 쓰면 편리하다.

추천 메뉴 레몬차, 레몬 소스 얹은 탕수육, 레몬파스타, 레몬타르트, 레몬셔벗.

체리 cherry

체리는 축축하면서 달콤한 계절 과일로 여름철에만 잠깐 맛볼 수 있다. 미국 북서부 지역에서 전 세계 체리 생산량의 70%가 생산되어 우리나라에도 수입된다.

크기가 크고 적갈색을 띠는 빙 품종은 매우 달고 강렬한 맛이 특징이다. 핑크빛이 감도는 체리 레이니어는 속살이 노랗고 단단해 씹히는 맛이 일품이며 빙보다 늦게 수확된다.

껍질을 벗기지 않고 그대로 먹는 과일이기 때문에 물에 5분 정도 담갔다가 손가락으로 문질러 깨끗이 씻어 먹는다. 비타민과 미네랄 외에 과당과 구연산 등이 풍부해 피로를 풀어 주고 고혈압을 예방한다. 특히 생체리듬을 조절하는 멜라토닌이 풍부해 불면증에 효과적이다. 소염, 살균 효과도 뛰어나 관절염이 있는 사람은 꾸준히 먹으면 도움이 된다.

선택법 알이 단단하고 포동포동한 것이 신선하다. 꼭지가 녹색이고 빨간색이 선명하며 윤이 나는 것이 좋다. 보통 플라스틱 팩에 포장되어 있으므로 상처가 나거나 무른 것은 없는지 확인한다.

먹는법 체리는 꼭지와 씨를 제거한 뒤 설탕시럽을 넣고 통조림으로 만들면 오랫동안 먹을 수 있다. 케이크나 파이, 유제품과도 잘 어울린다. 신선한 것을 골라 생으로 먹는 것이 가장 좋다.

추천 메뉴 체리샐러드, 체리떡케이크, 체리아이스크림, 체리마티니, 체리젤리, 체리쿠키, 체리푸딩.

파인애플 pineapple

상큼하고 시원한 열대 과일로 예전에는 통조림을 많이 먹었지만 요즘은 생과일로도 즐긴다. 길게 자른 파인애플꼬치는 대표 길거리 간식이다. 전 세계적으로 파인애플 종류는 1백여 가지에 다다르지만 우리나라에 수입되는 파인애플은 카이엔 품종으로 1년 내내 먹을 수 있다. 파인애플의 신맛은 구연산으로 식욕을 촉진하는 것은 물론 피로회복에도 좋다. 비타민 B_1, C 등 육류의 소화를 도와주는 효소가 들어 있어 고기 요리에 잘 어울린다. 달콤하지만 칼로리가 낮아 다이어트에도 좋다.

선택법 다른 열대 과일과 달리 파인애플은 다 익으면 수확한다. 껍질은 신선해 보이는 녹색, 전체적으로 달콤한 향기가 감도는 것이 신선하다.

먹는법 망고, 키위, 오렌지 등과 함께 갈아 마시거나 타르트, 크레이프케이크 등 베이킹에도 많이 활용한다. 닭고기나 돼지고기와 함께 구워도 맛있다.

추천 메뉴 파인애플탕수육, 파인애플볶음밥, 파인애플셔벗, 파인애플월남쌈, 파인애플칠리새우, 파인애플불고기.

망고 mango

망고는 대부분 필리핀산이지만 최근 3~4년 전부터 제주도에서도 생산돼 한여름이면 제주산 망고를 만날 수 있다. 노란 망고는 단맛과 신맛이 조화롭고 스푼으로 떠먹을 수 있을 정도로 부드러운 것이 특징이다. 애플 망고는 과육의 색깔이 오렌지색을 띠고 당도가 높아 인기가 많다.
비타민 C 외에도 엽산, 칼륨 등이 풍부하다. 특히 체내에서 비타민 A로 변하는 카로틴이 풍부해 냉증이나 빈혈에 효과적이다.

선택법 표면에 상처가 없고 매끄러우며 광택이 나는 것이 맛있다. 잘 익은 망고는 꼭지 부분에서 달콤한 향이 나며 검은 반점이 없는 것이 신선하다. 후숙 과일이라 무른 것일수록 잘 익었지만 색이 옅은 것을 구입해 실온에서 익혀 먹어도 된다.

먹는법 당도가 높고 부드러워 샐러드에 잘 어울리고 갈아서 드레싱으로 먹어도 좋다. 딸기, 귤 등과 함께 갈아 주스로 만들면 달콤한 풍미가 살아 맛있다. 과일타르트, 푸딩과 같은 베이킹에도 많이 활용한다.

추천 메뉴 망고커리, 망고무스케이크, 망고라씨, 망고빙수, 망고 소스 곁들인 연어스테이크.

배 pear

사과와 함께 추석을 알리는 대표적인 가을 과일이다. 아삭아삭하고 과즙이 풍부해 그냥 먹어도 맛있고, 김치 담글 때 넣으면 단맛을 내는 감미료 역할을 톡톡히 한다. 일본배, 서양배, 중국배 등이 있는데 우리나라에는 일본배가 대부분이다. 주요 산지는 나주, 안성, 평택 등이다. 과육의 89%가 수분인 대표적인 알칼리성 과일이다. 다른 과일에 비해 비타민이 풍부하지는 않지만 소화 효소가 있어 장운동을 활발하게 해주는 한편 해열 작용이 뛰어나 감기나 목의 통증에 효과적이다.

선택법 전체적으로 노란빛이 돌고 배 고유의 점무늬가 크고 껍질이 팽팽한 것이 신선하다. 울퉁불퉁하고 푸른빛이 도는 것은 딱딱하고 당도가 낮으므로 피한다.

먹는법 기침이나 감기가 떨어지지 않을 때 배를 갈아 마시거나 속을 파내고 꿀을 넣어 쪄먹으면 효과를 볼 수 있다. 불고기나 육회 등에 배즙을 넣으면 고기가 연해지고 소화도 잘 된다. 냉면이나 샐러드 등에 얹으면 산뜻하고 개운하다.

추천 메뉴 배무생채, 배꿀찜, 배타르트, 배생강즙셔벗, 배즙 드레싱 해물냉채, 배숙.

Delicious Fruits

TOMATO

APPLE

STRAWBERRY

BANANA

MANDARIN·ORANGE

TOMATO

KIWI FRUIT

GRAPE

BANANA

STRAWBERRY

APPLE

GRAPE